THE NEUROTIC PERSONALITY OF OUR TIME

我们时代的神经症人格

[美] 卡伦·霍妮⊙著

屈建伟⊙译

台海出版社

图书在版编目(CIP)数据

我们时代的神经症人格 / (美) 卡伦·霍妮著 ; 屈
建伟译 . -- 北京 : 台海出版社 , 2018.8
ISBN 978-7-5168-1990-6

Ⅰ . ①我… Ⅱ . ①卡… ②屈… Ⅲ . ①病态心理学—
研究 Ⅳ . ① B846

中国版本图书馆CIP数据核字(2018)第154578号

我们时代的神经症人格

著　　者：〔美〕卡伦·霍妮		译　　者：屈建伟
责任编辑：戴　晨		装帧设计：同人阁文化传媒·书装设计
版式设计：同人阁文化传媒·书装设计		责任印制：蔡　旭

出版发行 台海出版社

地　　址：北京市东城区景山东街20号　　邮政编码：100009

电　　话：010 — 64041652（发行，邮购）

传　　真：010 — 84045799（总编室）

网　　址：www.taimeng.org.cn/thcbs/default.htm

E-mail：thcbs@126.com

经　　销：全国各地新华书店

印　　刷：香河利华文化发展有限公司

本书如有破损、缺页、装订错误，请与本社联系调换

开　　本：880mm×1230mm　　　　1/32

字　　数：125千字　　　　　印　　张：7

版　　次：2019年1月第1版　　　印　　次：2019年1月第1次印刷

书　　号：ISBN 978-7-5168-1990-6

定　　价：35.00元

译　者　序

　　卡伦·霍妮（1885—1952），是西方当代新精神分析学派的代表人之一。精神分析的治疗方法和学说最初是弗洛伊德在自己的治疗实践中发展起来的，可以说，精神分析是整个心理咨询与治疗的开端，并影响了社会生活的方方面面。在各种理论、技术趋于整合的今天，精神分析作为理论基础得到了更为灵活的应用。比如，在时下盛行的婚姻家庭治疗领域中，所有该领域的先驱或创造者，几乎都系统学习过精神分析技术。一个多世纪以来，心理学的发展派别林立，但没有一个心理学者能够绕过精神分析，也没有哪一个流派能有如此深远的影响。然而，没有一个理论是十全十美的，自精神分析问世以来，无数精神分析学者师从弗洛伊德，又发现其理论中存在的不足与缺陷，在批判的基础上，各有偏离，形成了自己的精神分析理论。从某种程度上来说，在与弗洛伊德"决裂"的道路上，卡伦·霍妮和荣格等人都要走得更远，以至于被正统精神分析流派所"驱逐"。其实，她并没有完全否认弗洛伊德那近乎天才般的设想，只是创造性地将社会文化背景融入精神分析之中，为精神分析学说开辟了新的道路。正如她在书中所说："我们必须迈出坚定的一步以超越弗洛伊德，而只有站在他启发性发现的基础上，这种超越才能成为可能。"霍妮从文化的视角来研究心理问题与现象，不仅跨越式地发展并丰富了正统精神分析学说，而且对我们今天的心理学研究，都具有极强的现实借鉴意义。

　　霍妮生平坎坷，童年也并不幸福。她的父亲是一位远洋轮船船长，母亲是父亲的第二任妻子，两人年龄相差19岁。父亲与前妻已经有四个成年孩子，另外，她还有一个同父同母的哥哥。在她童年的记忆中，父亲独裁又沉默寡言，是一位非常可怕的人物；他不认可她，还认为她丑陋又愚笨。同样，她也敏感地察觉到母亲更加偏爱哥哥，对她十分冷落。这样的童年经历和感受，对她日后的精神分析实践和理论的形成产生了巨大的影响。在《我们时代的神经症人格》这本书中，霍妮对儿童经历对日后将产生何种影响，有着精彩的分析和独到的见解。与正统精神分析学家不同的是，虽然她也认同童年经历的重要性，但却不认为成年人的病态（神经症）行为是童年模式的复演。

　　1909年，霍妮婚后不久，由于受到抑郁症和性问题的困扰，开始接受卡尔·亚伯拉罕的精神分析治疗。卡尔·亚伯拉罕是弗洛伊德的嫡传弟子，由此，她在卡尔·亚伯拉罕的引领下开始接触并学习精神分析。1913年，她获得柏林大学医学博士学位，并随后在柏林精神分析研究所接受了长期的精神分析训练；1919年，她作为一名精神分析医生开始了其漫长的精神分析实践。在《我们时代的神经症人格》这本书中，她几乎在每一章中，都列举了大量实际发生过的神经症案例，既为本书的创新性理论做了充分的论证，也为读者更好地理解神经症这一复杂现象提供了客观的例证。可以说，本书的成果，正是建立在霍妮长期的精神分析实证基础之上的。这一阶段，她还发表了大量不同于弗洛伊德观点的文章，并逐渐偏离弗洛伊德正统学说。

1932年，霍妮来到美国，担任芝加哥精神分析研究所副所长。在这里，她接触到了阿德勒和弗洛姆等人，她的理论思想也进一步成熟。在长期的艰苦工作和深刻思考后，1937年，她出版了自己的第一本重要专著，就是这本《我们时代的神经症人格》。本书的出版，表明霍妮形成了自己的思想，并且其"对神经症的许多解释都与弗洛伊德相去甚远"。本书的语言，作者"力求通俗易懂"，既不像荣格著作那般，通常会引用许多神话原型，也不像弗洛伊德那样，运用较多的专业术语，而且，书中案例翔实，又不乏精辟而透彻的分析。因此，即使不是心理学专业人士，也能够理解书中意思，并有一种醍醐灌顶之感。

霍妮认为诞生于我们文化冲突中的焦虑，是"神经症的核心动力"。全书也一直围绕焦虑、对抗焦虑所建立的防御机制，以及种种难以调和的冲突展开，以揭示神经症的基本结构和现象。一般而言，正常人在其所处的文化中也会产生焦虑，但他们并非时刻处于焦虑状态之中，且能够较好地处理这些问题，找到内心的平衡。而神经症患者为了摆脱他们身上时刻存在着的焦虑，往往采取过激的防御措施，"焦虑越是难以忍受，保护手段就需要越彻底"。在书中，霍妮花了大量篇幅，着重探讨了对爱的病态需求，对权力、名望、财富的渴求等防御方式。她揭示出，神经症患者对这些目标的追逐亦是焦虑、愤怒和自卑感的产物；他们不仅无法摆脱焦虑、获得安全感，反而会陷入恶性循环，导致更严重的冲突和焦虑。

不得不提的是，霍妮自始至终都在强调文化和社会环境对神经症的影响。在书的开端，她就反复强调，不同的行为在不同文化中具有不同的意义。在一些文化中看起来是异端的行为，在另一些文化中却是一种正常的行为。因此，我们通常认定神经症的一个标准就是："他的生活模式是否同我们这个时代公认的行为模式一致。"在这个前提下，社会文化的考量就显得尤为重要。如果不考虑文化和社会环境这个大背景，那么，我们就会对很多神经症做出误判。因此，霍妮在书的结尾，直接将神经症患者称为"我们当今文化中的副产品"。在我看来，全书最精髓之所在，也正是霍妮创造性地用这种文化决定论批判并修正了弗洛伊德所谓正统的生物决定论，让精神分析理论更为多元、更加精彩。

总而言之，《我们时代的神经症人格》一书，不仅是一本关于精神分析的重要心理学著作，更是一本揭示神经症现象的伟大著作。希望读者能够认真地读完本书，你可能无法从中得到治愈神经症的良方，但是，它一定会让你有所收获，对神经症形成一个清晰、全面且深刻的理解。而我们的时代，最需要的恰恰不是能够解决一切问题的心理良方，而正是这种人与人之间心灵上的共情与理解。

最后需要指出的是，由于本人水平有限，译文中难免存在一些问题，可能给读者阅读带来不便，因此诚挚地欢迎读者批评指正，并给本书提出宝贵意见。

屈建伟

2017年12月于北京

前　　言

　　我写此书的目的，是希望能够准确描绘我们生活中的神经症患者，描绘出实际驱动他们的内心冲突、焦虑、痛苦，以及在与他人和自己相处时所面临的种种困难。在这书中，我并不关注神经症的某一种或者几种类型，只关注以某种形式在所有神经症患者中重复出现的人格结构。

　　本书的重点将放在描述神经症患者生活中存在的冲突，为解决冲突所进行的努力，真实存在的焦虑以及他们为缓解这些焦虑所采取的防御机制上。书中强调现实情境，但并不意味着我否认神经症从本质上看是由早期童年经验发展而来的观点。我与其他精神分析学派作者的区别在于，我认为，不应该将注意力仅仅放在童年生活经历上，且成年后的行为反应也不只是早期经历的简单重复。换而言之，早期童年经验与后期冲突之间的关系非常错综复杂，并不像那些认为童年经验与后期冲突只是简单因果关系的精神分析学家们想得那么简单。尽管童年经验为神经症病发提供了先决条件，但这并不是造成后期困境的唯一原因。

当我们将注意力集中于实际的神经症困难时，就会发现，神经症的产生不仅与偶然的个人经验有关，还与我们所处的具体文化环境相关。事实上，文化环境不仅加重和丰富了个体经历，而且还决定着这些经历的具体形式。例如，拥有一个专横跋扈还是具有自我牺牲精神的母亲，是一个人的命运。但是，她究竟是一个专横跋扈的母亲还是具有自我牺牲精神的母亲，只有在特定的文化环境下才能得以确定，正是因为这些环境，才使得这样的经历对个人的生活产生影响。

当我们意识到文化环境会对神经症产生重要影响，那么，被弗洛伊德理论视为根基的生物和生理因素就会立即退到背景的位置，且只有在已被证实的基础上，才应考虑其影响力。

我的这种研究方向，使我对神经症中的一些基本问题进行全新的阐释。尽管这些阐释涉及一些不同的问题，例如，受虐狂现象、爱的神经症性需要的内涵、神经症性罪恶感的意义等，但它们都有一个共同基础，即都强调焦虑在神经症人格倾向中的作用。

我对神经症的许多解释都与弗洛伊德相去甚远，基于此，一些读者可能会产生质疑：这还是精神分析吗？是与否的关键在于对精神分析本质如何理解。如果你认为，精神分析完全是由弗洛伊德提出的既有理论所构成，那么本书所讲的就不是精神分析。如果你认为精神分析的实质是基于以下基本的思想：关注无意识过程的作用以及无意识寻求表达的方式，在治疗过程中将无意识过程意识化等，那么，我谈的就是精神分析。我认为，严格遵从弗洛伊德理论会带来一种危险，即倾向于在神经症患者身上仅能看到弗洛伊德所希望呈现的内容，这不利于理论的向前发展。进一步探索和发展弗洛伊德理论是对其最大的尊重，这样我们才能使精神分析在理论和实践两个领域得以更为长足的发展。

上述内容也对另一个问题进行了回答：我对神经症的阐释是否是阿德勒式的。诚然，书中的一些观点确实与阿德勒理论有相似之处，但从本质上来说，我是以弗洛伊德学说为基础进行阐释的。事实上，阿德勒是一个典型的例子，说明如果不以弗洛伊德基本发现为基础而片面地进行探索，那么对心理过程的富有创造性的洞见也会变得枯燥乏味。

探讨我与其他精神分析学家的异同并不是本书的主要目的，因此，本书将对那些我与弗洛伊德背道而驰的观点进行集中讨论。

书中展示的是长久以来，我在对神经症进行精神分析研究中获得的一些成果。我本应该尽可能详尽地呈现所依据的病历资料，但对一本旨在概括性介绍神经症一般问题的书而言，这样做显得过于累赘。即使没有这些材料，专业人士甚至是门外汉也能够轻易检验书中观点的有效性。有心的读者，不妨将我的假设与自己的观察结果和经验做比较，进而对我的观点予以驳斥或接纳、修订或深化。

本书语言力求通俗易懂，为使解释足够清楚，我避免过多讨论细枝末节，而且，书中也较少使用专业词汇，以免妨碍读者进行清晰的思考。因此，通过本书，许多读者，即使是非专业读者，也能轻松理解神经症人格的问题。但是，这可能会让读者得出神经症问题很简单这样一个大错特错甚至是危险至极的结论。我们不能忽略的是，几乎所有的心理学问题都非常复杂且微妙。若有人不能接受这点，那劝他最好不要读此书，以免陷入混乱或因无法找到现成结论而感到失望。

本书写给对神经症感兴趣的人，需要与神经症患者打交道的专业人士以及对神经症问题有所了解的人，这其中不仅包括精神科医生、社会工作者、教师，还包括那些认识到心理因素在不同文化研究中都具有重要性的人类学家和社会学家。最后，我希望本书对那些神经症患者本人也能有所帮助。从原则上来说，如果神经症患者能够接纳心理学观点，不将其作为对个人的一种入侵或强加，那么，基于他自身所经历的痛苦，与那些未患神经症的同胞相比，便能更敏锐、细致地理解心理现象的复杂性。然而，不幸的是，阅读本身并不能治愈神经症患者，在所阅读的内容中，他们可能更容易识别出其他人而不是自己。

借此机会，我要向编辑出版本书的伊丽莎白·托德小姐表示感谢。至于那些我需要表达感谢的作者，在本书正文部分我都有所提及。我要向弗洛伊德表达我最大的谢意，因为他为我们提供了基础以及工作的工具，同样，我也要向我的患者表达最大的谢意，因为我的所有见解，都来自我与他们一起进行的工作。

目　录

第一章　神经症的文化与心理内涵 …………………… 1

第二章　谈及"我们时代的神经症人格"的缘由 …… 13

第三章　焦虑 …………………………………………… 21

第四章　焦虑与敌意 …………………………………… 35

第五章　神经症的基本结构 …………………………… 49

第六章　对爱的病态需求 ……………………………… 66

第七章　再论对爱的病态需求 ………………………… 76

第八章　获得爱的方式和对拒绝的敏感 …………… 91

第九章　性欲在爱的病态需求中的作用 ………… 101

第十章　对权力、声望和财富的追求 ……………… 112

第十一章　病态竞争 ………………………………… 132

第十二章　逃避竞争 ………………………………… 146

第十三章　病态的罪恶感 …………………………… 164

第十四章　神经症性受苦的意义（受虐狂的问题）… 185

第十五章　文化和神经症 …………………………… 201

目　录

第一章　神经症的文化与心理内涵

现在，我们使用"神经症"一词与以往任何时候相比，都更为自由，但这并不意味着我们对"神经症"有了一个清晰且明确的定义。通常，这不过是一种略显高雅地表达不满的方式：曾经人们满足于用懒惰、敏感、苛责或者多疑来描述此类人，但现在大家更愿意用"神经症"这个词来代替。然而当我们使用这个词的时候，还是意有所指的，在选择使用这个词时，也还是有一些标准的，虽然我们没有意识到。

首先，在行为反应方面，神经症患者和普通人是截然不同的。下面的几个例子，我们就倾向于认为其属于神经症的表现：一个女孩在工作中，宁愿保持现有的位置和级别，且拒绝接受涨薪，也不愿与上司保持一致；一个只要努力工作即可突破三十美元周薪的艺术家，却过度享乐生活，而且还把大量时间花在陪伴女人或沉迷于技术爱好之中。之所以将他们看成神经症，原因在于，我们大多数人熟悉且只熟悉一种行为模式，这种行为模式暗示着人们想要在世界独占鳌头，超越他人，赚更多的钱，而不是只为了最低限度地满足生存。

这些例子说明，在认定神经症时，我们常常使用的一个标准是：他的生活模式是否同我们这个时代公认的行为模式一致。上述那个没有竞争驱力的女孩，至少表面上如此，如果她生活在普韦布洛（Pueblo）印第安文化中，那她完全就是一个正常人。同样，上面例子中的那位艺术家，如果他生活在意大利南部或者墨西哥的村庄，那么他的行为与大多数人无异。因为，在这类环境中，但凡有人为了满足眼前的需要而去赚取更多的钱或者付出更多努力是不可想象的。回溯得更远一些，在希腊，超出个人所需而拼命工作的态度，会被认为是十分不体面的。

"神经症"一词虽源于医学领域，今天却不能脱离其文化内涵而用之。医生可以不考虑患者的文化背景就对其受伤的腿进行治疗，但却不能因为一个印第安男孩相信自己的幻觉而将其诊断为精神病，这会存在极大风险。在印第安的独特文化中，幻觉和幻觉体验被看成是一种特殊的礼物和来自神灵的祝福。拥有这种体验的人，人们会郑重其事地认为其享有一定威望。在我们看来，有人如果还能跟他已故的祖父交谈几个小时，那他可能是神经症或精神病，但在一些印第安部落，与祖先交流是被认可的行为。如果有人因为其已故亲属的名字被提及而感到被严重冒犯，那么我们会认为他确实是神经症患者，但在吉卡里拉·阿巴切（Jicarila Apache）文化中，这种被冒犯感则显得十分正常。在我们的文化中，如果一个男人被月经期的女人吓坏，则应认为患有神经症；然而，在许多原始部落，对月经的恐惧则是一种常态。

"正常"的概念，会根据文化的不同而不同，即使在同一文化中，不同时期的定义也不尽相同。举个例子来说，如果今天这个时代，一个成熟独立的女性还因为发生过性关系，而认为自己是"一个堕落的女人"且"不再值得优秀男人去爱"，那么，她会被怀疑患有神经症，至少在许多社会阶层里是这样的。四十多年前，这种罪恶感是一种常态。对于正常的定义在不同社会阶层中也有所不同，例如，封建阶层的人认为，男性整天游手好闲，只有在狩猎或者战争状态下才会显得活跃是很正常的；然而，如果一个小资产阶级的人如此表现，就会被认为是明显异常的。这种观念还因性别不同而不同，只要差异存在于社会之中，就像在西方文化中，男性和女性被认为应该具有不同的气质、性格。对于一个女人而言，当她接近40岁时，会对衰老产生深深的恐惧，这是一种"正常"的现象；但当一个男人在这个时期，因年龄增长而变得焦虑不安时，那他很可能被认为患有神经症。

在某种程度上，每个受过教育的人都明白，很多时候对"常态"或者"正常"的认识是不同的。我们都知道中国人吃的食物跟我们不同，爱斯基摩人眼中整洁的概念与我们相左，巫医能够用与现代医生不同的方法来治疗病人，但很少有人能够明白，人类不仅在风俗方面有差别，在欲望和情感方面也有着种种不同，尽管人类学家已经或明或暗地对此进行了阐释。正如萨丕尔所说，总是在不断重识"常态"，是现代人类学的功绩之一。

每种文化都有正当的理由执念于其自我情感和欲望才是"人性"的正常表达。在这点上，心理学也并不例外。例如，弗洛伊德通过大量观察后得出女性比男性善妒的观点，而后尝试在生物学的基础上对这一普遍存在的现象进行解释。[1]弗洛伊德似乎还假定，所有人体验过因谋杀而产生的罪恶感。然而，无可辩驳的是，不同文化对杀戮的看法是截然不同的，就像彼得·弗洛伊琴所说，爱斯基摩人并不认为谋杀者需要受到惩罚。在许多原始部落中，因家庭成员被外人所杀而造成的伤害，可以通过提供替代品加以弥补。在某些文化中，若一位母亲的儿子被杀，她可以通过收养凶手来代替儿子的方式来减轻痛苦。

进一步运用人类学的发现，我们必须承认，对于人性的某些看法我们还非常幼稚。比如：认为竞争、手足争宠、情

---

[1] 在他的论文《两性解剖之间差异造成的心理后果》中，弗洛伊德提出了这样一种理论，即生理解剖上的性别差异，不可避免地导致每一个女孩都会嫉妒男孩拥有阴茎。随后，她希望拥有阴茎的愿望，就会转化为想要拥有一个有阴茎的男人。随后，她就会嫉妒其他女人，嫉妒她们与男人的关系，更准确地说，就是嫉妒她们拥有男人，就像她最初嫉妒男性拥有阴茎一样。在做出这样的陈述时，弗洛伊德屈从于他那个时代的诱惑：对人类的人性进行概括，虽然他的概括仅仅来自于对一个文化区域所做的观察。

人类学家不会对弗洛伊德观察的正确性进行质疑，他只会把它当作对某一时代某一文化中的某些人群的观察。但是，他会对弗洛伊德概括的正确性进行质疑，他会指出，在对待嫉妒的态度上，人和人之间的差异是无尽的，在一些民族中，男性比女性更善妒，在另一些民族中，男性和女性都不善妒，还有一些民族，男性和女性都异常善妒。鉴于这些差异，他会反对弗洛伊德（或事实上反对任何人）在两性差异的基础上来解释自己的观察结果，相反，他会强调，调查男女两性的生活环境差异以及这些差异对其嫉妒发展影响的必要性。例如，在我们的文化中，就有必要提出这样的问题，弗洛伊德的观察对我们文化中的神经症女性是正确的，这种观察结果是否适用于这种文化中的正常女性。必须要提出这个问题，是因为那些日复一日与神经症患者打交道的精神分析学家经常会忽略一个事实，即，我们的文化中也存在正常人。还必须提出的问题是，会加强嫉妒以及对另一个性别占有欲的心理条件是什么？在我们的文化中，那些能够解释嫉妒心差异的男女生活环境有何不同？

感与性之间的密切关系，是人类固有的本性。我们对于正常观念的认识，来源于特定群体强加于其成员身上的特定的行为和情感标准。但是，这些标准因文化、时期、阶层以及性别的不同而不同。

这些考量因素对心理学的影响意味深长，直接导致对心理学全知全能的怀疑。即使我们的文化和其他文化中出现了类似之处，也不能归因于相同的动机。新的心理学发现会揭示人性中固有的普遍倾向的这种观点，这种观点已经不再可靠了。所有这些结果都证实了某些社会学家一再强调的论断：不可能存在一种放之四海而皆准的正常心理学。

然而，局限性利大于弊，它使我们对人性的理解更为有效。这些人类学考量因素的基本内涵在于：情感和心态在很大程度上是由我们生活的环境所塑造，包括交织在一起不可分割的个体环境和文化背景。反过来又意味着，如果我们对自身所处的文化环境有所了解，那么就能更深刻地理解正常情感和心态的特质，而由于神经症患者的行为模式往往偏离常态，这也有助于我们更好地理解它们。

某种程度而言，这样做就意味着继续沿着弗洛伊德的道路前行，在这条路上，弗洛伊德向世人呈现了一种迄今未有人想到过的对神经症的理解。尽管在理论上，弗洛伊德将我们身上的怪癖归因于生物内驱力，但同时他在理论上尤其在实践中，不断强调一个观点，即：脱离了对个体生活环境的深入了解，特别是早期童年经历对情感塑造的影响这部分，那么我们将无法理解一个神经症患者。运用该原则解决特定文化下正常结构和神经症结构的问题，意味着如果没有掌握特有文化对个体施加了何种影响，我们就无法理解这些结构。[1]

除此之外，这意味着我们必须迈出坚定的一步以超越弗洛伊德，而只有站在他启发性发现的基础上，这种超越才能成为可能。因为，虽然弗洛伊德在某些方面独领风骚，超越了同时代者；但从另一角度看，他过分强调精神特征的生物性起源，又留下了那个时代科学主义倾向的烙印。他曾假设，我们文化中屡见不鲜的本能冲动或客体关系是由生物因素决定的"人性"，或是来源于无法改变的情境，如生物学意义上的"前生殖器"阶段、俄狄浦斯情结，等等。

弗洛伊德漠视文化因素，不仅导致得出了许多错误结论，更在很大程度上阻碍了我们对真正能够激活我们态度和行动的力量的理解。我认为，这种漠视是为什么精神分析（如实遵循了弗洛伊德有缺陷的理论路线）看似具有无限可能性，却已走进了死胡同，继而仅靠增添晦涩理论和滥用模糊术语装点门面的主要原因。

如今，我们已经明白，神经症是从正常状态中偏离而来，二者的区别标准虽尚不充分但却异常重要。有些并未患神经症的人，其行为表现也可能偏离常态。前文所提艺术家的例子，他不愿在赚更多钱这件事上投入更多时间，可能是因为患有神经症，也可能是明智地让自己免于陷入激烈竞争

---

[1] 许多作者都认识到了文化因素在心理状况的决定性影响的重要性，弗洛姆在德国精神分析文献中第一个提出和阐述这种方法。此后，该方法又被其他人所使用，例如，被威廉·赖希和奥托·芬尼切尔所使用。在美国，哈里·斯塔克·沙利文是第一个认识到要在精神分析中考虑文化内涵必要性的人。采用这种方式考虑问题的其他美国精神病学家还有阿道夫·梅耶、威廉·A. 怀特、威廉·A. 希利和奥古斯塔·布朗纳。最近，一些精神分析学家开始对心理问题的文化内涵感兴趣。在社会学家中，采用这种观点的有H. D. 拉丝威尔和约翰·多拉德。

当中。另一方面，许多人从表面上看适应了当下的生活模式，但实际上却患有很严重的神经症。在这种情况下，心理学或者医学观点就很有必要。

奇怪的是，根据这一观点，想要说明神经症结构却异常困难。无论如何，我们要是仅单独研究那些明显的表面现象，就难以发现所有神经症共同的特征。我们不能将症状作为标准，因为这些症状很可能不会出现，例如：恐惧症、抑郁症、功能性机体障碍。某种类型的抑制总是存在，其原因我将在后面的章节进行讨论，但其总以非常微妙的方式或者伪装逃过表面观察。如果仅以表面现象判断人际关系障碍，包括性关系障碍，会产生同样的问题。这些现象倒容易发现，但却难以对其进行辨识。然而，神经症有两种结构，是不需要对人格结构有深入了解就可以从所有神经症患者身上辨别出来的，即：僵化反应以及潜能和成就之间的脱节。

这两种特征都需要进一步的解释。我所说的僵化反应，是指缺乏多变性和灵活性，这些特性能让我们根据不同情景而做出不同的行为反应。举例来讲，正常人也会心生疑窦，当他感觉到或者发现端倪时就会如此；而神经症患者却可能莫名其妙的时刻处于疑虑状态，无论其是否意识到自己的"变味"。正常人能够区分别人的赞美到底是自然流露，还是虚情假意；而神经症患者往往不分青红皂白，在任何场合都会对二者生出怀疑。正常人会因受到不正当的欺骗而心怀不满，而神经症患者对所有的曲意奉承都怀有恶意，即使他意识到有些奉承对其有利。正常人在那些重要且难以抉择的问题上犹豫不决，而神经症患者在任何时候都会如此。

只有当僵化行为偏离了文化范式时，才能成为神经症的表现。在西方文化中，绝大多数农夫都会对新鲜事物或者奇异事件产生一种类似僵化的怀疑态度，这很正常；而小资阶层对于节俭的严苛要求，也属正常的僵化。

同样，生活中个体潜能与实际成就之间的差异，很有可能是完全由外部因素所导致的。如果一个人很有天赋，同时外部环境条件也很优越，但他还是一事无成；又或者说，一个人拥有了所有足以让他感觉幸福的条件，但他却不能享受并从中感知幸福；又或者说，一个靓丽的女子却仍然觉得自己对异性没有吸引力，这时我们就要注意，这类人很可能患有神经症。换而言之，神经症患者给人的印象是，他们总是觉得自己就是自己的绊脚石。

将这些表面现象抛开，深入审视一下神经症产生的动力因素，我们就会发现几乎所有神经症都有一个共同的重要因素：那就是焦虑，以及为了对抗焦虑所建立的防御机制。神经症的结构也许错综复杂，但是这种焦虑始终是产生和保持神经症持续的内在动力。在接下来的章节中我还会谈到这个问题，使它变得更为清晰，在这里就不再举例。但即使该观点只是被暂时性接受，仍需要对其做进一步阐释。

就目前来看，说明显然过于笼统。焦虑或者恐惧（我们暂且会交替使用这两个词）以及为对抗其而建立的防御机制是普遍存在的。这些行为反应不只是人类才有，动物一旦受到惊吓，它们要么反击，要么逃走，这与人类遇到危险或者受到惊吓时的反应是一样的。如果担心被闪电击中，我们就会在屋顶安装避雷针；如果担心可能发生事故，我们就会为自己购买保险，这里同样包含着恐惧和防御因素。在不同的文化中，它们以其特有的方式存在，也可能会被制度化，就像通过佩戴护身符来消灾免祸，通过举行仪式来降低对死亡的恐惧感，通过设定禁忌避免接触月经期的女性以应对她们带来的不祥。

这些相似之处诱使大家得出一个错误的逻辑推论。如果说恐惧和防御机制是神经症必不可少的因素，那为何不将这些制度化防御行为看作是"文化"神经症呢？这一推论的错误在于，即使两种现象中的某一因素相同也不意味着这两种现象必然相同。人们不会仅仅因为房子是用石头建成的，就将房子叫作石头。那么，使之成为神经症的神经症性恐惧和防御机制的根本特征是什么？神经症性恐惧仅仅是一种想象吗？不，因为我们也倾向于将对死亡的恐惧视为想象性恐惧；在这两种情况下，我们皆因缺乏足够的认知，而只能如此想象。神经症患者也许根本不知道自己害怕什么，但是即使是原始人也不知道自己为什么害怕死者。显然，这种区别与意识程度或理性程度没有关系，但是区别在于以下两个因素。

其中之一是，任何文化条件下的生活环境都会导致某些恐惧。不管这些恐惧究竟是如何产生的，它们可能由外部危险所引发（自然界、敌人），也可能由社会关系形式所引发（因压制、不公正、强迫性依赖、挫折而产生的敌意），还可能是由那些不知起源的文化传统所引起（对鬼怪和触犯禁忌的原始恐惧）。个人或多或少都会产生这些恐惧，总体而言，可以肯定的是生活在特定文化中的人们不可避免地会受到文化的影响，没有人能够避免。但神经症患者，不仅承受着某种文化中所有人共有的恐惧，而且由于其个人生活境遇（与一般生活环境交织在一起）的原因，还一并承受着在量和质两方面都偏离文化范式后导致的种种恐惧。

　　另一个因素是，通常而言，存在于特定文化中的恐惧因某些保护性因素而得以避免（例如：禁忌、礼仪、风俗等）。一般来说，这些应对恐惧的保护措施，比神经症患者所建立起来的防御性措施要经济得多，因而，虽然正常人也要忍受其文化中的恐惧和防御，但他们仍能实现自身的潜能，并享受生活带给他们的一切。正常人能够最大限度地利用其文化为他们创造的可能性，消极地说，除了那些存在于文化中不可避免的忧虑，他们不必过多地担忧。另一方面，与一般人相比，神经症患者要遭受更多磨难。他们不可避免地要为自身的防御行为付出更高昂的代价，这其中包括对生机和活力造成的损害，更具体一点就是，对其获得成就和悦享能力造成损害，最终跟正常人之间形成了我之前提到过的差异。事实上，神经症患者不可避免地是要经历苦难的人。在探讨那些经过表面观察便可辨识出的神经症特质时，我并未提到这点的唯一原因在于，这些特质不一定能从外部观察得到。甚至，神经症患者本人很可能也并未意识到自己正在遭受痛苦。

　　谈起恐惧和防御，到现在为止，恐怕许多读者已经不耐烦了，因为我们对神经症的性质这样一个简单问题进行了如此广泛的论述。为了自我辩护，我必须指出心理现象异常复杂，有些问题看似简单，其答案却从来都不简单。在本书伊始我们遇到这样的困惑并不是一个例外，无论我们要解决一些什么样的问题，这种困惑将会贯穿全书。对神经症进行准确描述的困难之处在于，心理学和社会学工具都无法单独给出一个令人满意的答案，我们只能交替使用这两种工具，先使用一种，然后再使用另一种，就像我们做的那样。如果我们仅从动力学和心理结构的角度审视神经症，那么就需要将一个并不存在的所谓正常人实体化；而如果我们将视野超出本国的国界，或者超出与我们文化相似国家的国界，就会遇到更多困难。另一方面，如果仅从社会学的观点来看，神经症只是特定社会中对常态化行为的偏离，这就完全忽视了我们已掌握的所有神经症心理特征，任何国家和流派的精神病医生都不会承认这种结果就是其平常鉴别精神病患者所使用的。结合两种方式，以这样一种模式进行观察：既考虑到神经症的外显性偏离，也考虑到其心理过程的动力学偏差，而不把其中任何一种看作是神经症主要的和决定性因素，这两者必须结合起来。通常而言，我们认为恐惧和防御是神经症的动力中枢之一，但是它们只有在同一文化中，从量和质上都偏离了常态化的恐惧和防御模式时，才能认为其构成神经症。

在同一方向上，我们还须向前再进一步。神经症还有另一种基本特征就是存在冲突倾向，神经症患者本人很少能够意识到这种冲突或者说其确切内容，他们会自动尝试达成某种妥协方案。正是这后一个特征，弗洛伊德曾采用各种方式强调指出，这一特征是神经症不可或缺的组成部分。神经症性冲突与文化中存在的一般冲突的区别，既不在于二者的内容，也不在于它们本质上是无意识的（这两方面上，共同的文化冲突可能是完全相同的），而在于这样一个事实：在神经症患者身上，这些冲突表现得更严重、更尖锐。神经症患者试图达成某种妥协的解决方案，我们可以将这种方案归为神经症性的解决方式，这类解决方案与正常人相比满意度更低，且往往以损害人格完整性为代价。

　　回顾上述思考，我们还不能对神经症下一个全面定义，但可以做出如下描述：神经症是一种由恐惧、对抗这些恐惧的防御机制以及试图寻求解决冲突的妥协方案所引发的心理紊乱。出于现实考虑，比较明智的做法是，只有当这种心理紊乱偏离了特定文化中的常规范式时，才能被称作神经症。

第二章 谈及"我们时代的神经症人格"的缘由

　　我们的关注点聚焦于神经症影响人格的方式上，因此研究范围也限定在两个方面。一方面，神经症会产生于这样一些个体身上，他们的人格未遭受损害和扭曲，却因充满冲突的外界环境形成了神经症的反应。在讨论了某些基本心理过程本质之后，我们回过头来大致思考一下情况较为简单的情境神经症[1]结构。但我们主要的兴趣并不在这儿，因为情境神经症并未揭示神经症人格特质，只是暂时缺乏适应某种困难情境的能力。提及神经症，我所指的是性格神经症，这种神经症的症状表现与情境神经症相似，但其主要紊乱在于性格畸形[2]。这是由潜在的慢性过程导致，起源于童年，且或多或少或强或弱地影响到人格的各个方面。从表面来看，它

---

　　[1] 情境神经症与 J. H. 舒尔茨所说的外源性神经症大致类似。

　　[2] 弗兰茨·亚历山大曾经建议用性格神经症这一术语来指称那些缺乏临床症状的神经症。我并不认为这种说法能够站得住脚，因为症状是否得以表现与神经症的本质毫无关系。

是由实际的情境冲突所引发，但对个人病史的收集却表明，扭曲的性格特点，早在任何令人困惑的情境产生之前，就已出现，而暂时的困境，在很大程度上就是由之前存在的人格障碍导致的。更重要的是，神经症患者会对某一生活环境做出神经症性反应，但这种环境对于正常人而言并不存在任何冲突或困难，因而，这种情境仅仅只是揭示了早已存在一段时间的神经症罢了。

另一方面，我们也不关注神经症症状的现象。我们主要的关注点在性格障碍本身，因为人格变态在神经症中反复出现，而临床意义上的症状却会发生变化或完全缺失。从文化角度来看，性格比症状要重要得多，因为是性格而不是症状在影响人的行为。随着对神经症结构了解的增加，并且认识到治疗症状并不能治愈神经症，大部分心理学家将兴趣从症状转移到了关注性格变态上来。更形象地说，神经症症状并不是火山本身，而是火山喷发的状态，致病性冲突，像火山一样，深藏于个体内心深处而不为人所知。

对这些局限性的认识引发出这样一个问题：如今的神经症患者是否具有某些共同的本质特征，我们可以将其称为我们时代的神经症人格。

就不同类型的神经症伴有不同的性格变态而言，它们之间的差异性比其相似性更加令我们震惊。例如，癔症（又称歇斯底里症）型人格与强迫症型人格的特征截然不同。然而，引起我们注意的这种差异只是机制上不同，说得更通俗一些，这种差异体现在失调的表现形式和解决失调的方式中。例如，癔症型人格会表现出强烈的投射倾向，而强迫症型人格的冲突却极具理智性。另一方面，就相似性而言，我并不关注其表现形式和产生方式，却会关注相似性中涉及的冲突本身的内容。确切而言，相似性较少存在于引起紊乱的经验中，更多存在于实际驱使个体行为失常的冲突之中。

为了进一步阐明其动机及分支，预设前提是必要的。弗洛伊德和大多数精神分析专家都非常强调以下原则：精神分析的主要任务是发现一种冲动的性欲根源（例如，特殊的性感区），或是发现一种重复的幼儿模式。虽然，我认为如果不追溯到婴幼儿时期，就难以对神经症有全面的理解，但我仍相信，片面使用发生学方法，就会让问题变得更加困惑而非清晰，因为这种方法使我们完全忽视实际存在的无意识倾向，忽视其功能，以及它们与那些同时存在的其他倾向（例如，冲动、恐惧以及保护措施）之间的交互作用。只有在有助于功能性理解时，发生学方法才有用。

基于这一理念，在对不同年龄、不同气质和兴趣、不同社会阶层，归属不同类型神经症患者富于变化的人格类型进行分析时，我发现，他们身上那些动力核心的冲突以及冲突间的交互作用，从本质上来看是相似的。[1]通过观察实践中以及当代文学作品中的人物特征，我在精神分析实践方面的经验得到了证实。在神经症患者反复出现的问题中，常具有虚幻晦涩特性；如果将这些特性剔除，那么这些问题就无处藏匿，其与我们文化中困扰普通人的问题只是程度不同而已。绝大多数人都要面对竞争的压力、失败的恐惧、情感上的孤独以及自己与他人缺乏信任的问题，光提到的这几个问

---

[1] 强调相似性并不意味着无视对神经症的特殊类型进行科学的精细分类的努力，相反，我完全相信精神病理学在描述心理紊乱的全貌，对它们的起源、特殊结构以及独特表现方面已经取得了显著的成就。

题，就也可能会存在于神经症患者身上。

通常而言，一种文化中绝大多数人都不得不面对相同的问题。这也意味着这样一个结论，即：这些问题是由该文化中特定的生活环境所引发。其他文化中的驱动力和冲突与我们自身文化不同这一事实，似乎也印证了这些问题并不代表"人性"中共性的问题。

因此，当谈到我们时代的神经症人格时，我的意思不仅仅只是在说神经症患者都存在的共同基本特征，而且，也意味着这些基本的相似性本质上是由我们时代和文化中存在的种种困境所造成。在后面，我将利用自身所储备的社会学知识，说明到底是什么样的文化困境导致了这些我们存在的心理冲突。

关于我对文化和神经症之间关系假设的正确性，需要由人类学家和精神病医生的共同努力加以检验。精神病医生不仅要研究特定文化中神经症的表现形式，例如从形式标准去研究其发生频率、严重程度和类型，还应该特别注意研究潜藏于表面状况下的基本冲突，人类学家则应该从一种文化结构给个体造成了什么样的心理困境这个方面来对同一文化进行研究。

在基本冲突中表现出来的相似性是一种对表面观察就可以得出的态度相似性。我所说的表面观察，是指一个好的观察者不借助精神分析技术，就能对他完全熟悉的人有所发现，这些人可能是他自己、他的朋友、他的家人，或他的同僚，等等。现在，我将开始对这些可频繁观察的现象做一个简要剖析。

可观察到的态度大致可分为以下几类：（1）给予和获

得爱的态度；（2）自我评价的态度；（3）自我肯定的态度；（4）攻击性；（5）性欲。

关于第一种态度，我们时代的神经症患者一个主要的倾向，就是会过度依赖他人的赞赏和他人的喜爱。我们都希望被人喜欢且赢得赞赏，但对于神经症患者来说，他们对爱或赞赏的依恋，与爱和赞赏在他人生活中具有的实际意义极不相称。尽管，我们都希望被所爱之人喜欢，但在神经症患者身上，我们看到的是不加区分地渴求他人的喜欢和欣赏，不论他们是否真的在意这些人，也不管这些人的评价对他们有没有任何意义。一般情况下，神经症患者无法意识到自己这种无尽的渴望，但当他们没有得到自己希望得到的关心和注意时，这种渴望就会从他们的过分敏感中显现出来。举例来说，如果有人拒绝了他们的邀请，很长时间没有给他们打电话，甚至是与他们的观点不同，他们都会觉得受到了伤害，这一敏感性很可能会被一种"不在乎"的态度所掩盖。

此外，神经症患者对爱的渴望与他们自己感知和给予爱的能力之间存在着显著的差距。他们自身对爱的过度渴望，往往同忽视对他人的关怀体谅形成对比。这种矛盾并不总会浮上表面，例如，神经症患者可能也会过于体谅他人并希望对每个人都有所帮助，但在这种情形下，很容易发现，他们是被迫这样做的，而不是自然地散发出热情。

这种依赖他人所折射出的内在不安全感，是我们在表面观察中发现的第二个特征。自卑和不足感是其准确无误的标志，这一特征可能以许多方式表现出来：不称职、愚蠢、缺乏魅力，而这些想法可能没有任何现实依据。有些异常聪明的人可能会觉得自己无比愚蠢，许多貌美如花的女子会觉得自己缺乏吸引力，这些自卑感可能会以抱怨或忧虑的形式表现出来，或者把莫须有的缺陷看作事实，而在这上面无休止的耗费心思。另一方面，这些感觉还可能被以下行为所掩盖：自我夸张的补偿性需求，或为给他人留下印象而强作卖弄，炫耀在文化中能给自己带来地位和尊敬的东西，例如：金钱、古画收藏、古董家具、女人、与名流之间的社会关系、旅游或是丰富的知识等。这两种倾向中的任何一种都可能完全展现出来，但更常见的情形是，大家会分别感受到两种倾向都存在。

第三种态度，即自我肯定，其中还包括明显的抑制倾向。我所说的自我肯定，是指相信自己或肯定自己的主张，而没有任何过度引申推测的含义。在这方面，神经症患者表现出大量的抑制倾向，他们抑制自己表达某种愿望或要求，抑制做对自己有利的事，抑制自己发表意见、表达批评、命令他人，还抑制自己选择想要交往的人，以及与他人的正常接触，等等。在我们所说的坚持个人立场方面也存在着抑制：神经症患者往往无法保护自己不受攻击，如果他们不想顺从其他人的意愿，他们也不会说"不"。就好比说，一个售货员想卖给他们并不想买的东西，或者邀请他们参加一个不想参加的聚会，又或者与一个不喜欢的对象做爱，对此他们都无法拒绝。最终的结果是，当面对自己的需求时，他们也表现出抑制倾向：难以做出决策、形成观念，不敢表达哪怕仅仅涉及自身利益的某些愿望。这些愿望不得不隐藏起来：我的一个朋友在她的个人账户中将"电影"置于"教育"的名下，将"酒类"置于"健康"的名下。在后一种抑制倾向中，特别重要的是缺乏计划能力，[1]无论是旅行或生活计划。神经症患者会让自己随波逐流，即使是在职业或婚姻这样重要的决定中，他们也不会清楚地知道自己想要什么样的。他们会被某种神经症性恐惧所驱使，就像我们所见的，有些人因为害怕贫穷而拼命敛财，或是为了逃避有建设性意义的工作而让自己陷入无止境的风流韵事之中。

第四种困难是与攻击性相关的态度，即是说，与自我肯定的态度相反，是反对、攻击、蔑视、侵犯他人或者其他任何形式的敌对行为。这种心理紊乱会以两种完全不同的方式表现出来：一种方式表现为咄咄逼人、飞扬跋扈、过分苛求，以及指挥、欺骗或者"挑刺"。具有这种态度的人偶尔能够意识到自己的侵犯性倾向，但大部分时候他们却一点也意识不到，甚至主观地认为这恰恰是诚实的表现，或仅仅只是在表达一种观点。事实上，尽管他们有时十分蛮横和咄咄逼人，却自认为自己的要求十分谦逊。然而，在另一些人身上，这种紊乱会以完全相反的形式表现出来。通过表面观察，即可发现这类人具有这样一种心态，即易于感到被欺骗、被辖制、被责怪、被利用或是羞辱。通常而言，这类人也意识不到这仅仅只是他们自己的看法，而是悲观地认为全世界都在歧视或欺压他们。

第五类态度，表现为性领域的怪癖，可以粗略地划分为对性行为的强迫性需求和对性行为的抑制两种类别。抑制可出现在性满足过程的任何阶段，可能在接触异性、追求异性、性机能或性欢娱时出现。前面所讲述的所有反常特征，

---

[1] 舒尔茨·亨克是少数在著作（《命运与神经症》）中关注这一重要观点的精神分析研究者之一。

也都可能体现在性心态中。

　　我们或许还能对上面提及的这些态度做更深入的描述。后面，我会回过头来对它们一一进行讨论；但是，现在过于详尽的描述对于我们的理解无益。为了更好地理解这些态度，我们不得不对产生这些态度的动力过程进行思量。在了解这些潜在的动力过程后，我们会发现这些态度表面上看似并不相关，但是它们在结构上却相互关联。

第三章　　焦虑

　　在对今日神经症作更深入的讨论之前，我将重新拾起我在第一章结尾撇下的话头，明确我所说的焦虑的确切内涵。这样做非常重要，正如我之前所说，焦虑是神经症的动力核心，因此我们不得不一直与焦虑"打交道"。

　　之前，我将这个词作为恐惧的同义词，由此可见它们之间关系的紧密性。事实上，这两个词都是面对危险时表露出的情绪反应，且都伴随着种种生理感受，如颤抖、出虚汗、剧烈心跳等。这些生理反应有可能极度强烈，以至于突发强烈的恐惧感甚至会导致死亡。尽管如此，焦虑与恐惧仍然存在着差异。

　　当母亲仅仅因为自己的孩子长了一些丘疹或得了轻微感冒就担心孩子会死去时，我们将这称作焦虑；但如果她的孩子得了非常严重的疾病，母亲因此而感到非常害怕，我们就称这种反应为恐惧。如果一个人只是站在高处或者对自己所熟知的领域进行讨论，就会感到非常害怕，我们将这种反应称为焦虑；而如果一个人害怕自己在暴风雨中迷失于深山老林之中，我们将这种反应称为恐惧。目前为止，我们可以对这两者进行一个简单而明确的区分：恐惧是一个人对自己不得不面对的危险做出的恰如其分的反应，而焦虑是一种对危险不相称的反应，甚至是对想象中的危险的一种反应。[1]

这种区分的一个瑕疵是，其反应是否适当取决于特定文化中的一般常识。但是，即使这种常识认为某种态度是毫无根据的，神经症患者也能毫不费力地给其行为找到合理依据。事实上，如果你告诉患者他害怕遭到疯子攻击的担忧，乃是一种精神病态的焦虑，那你们将陷入无尽的争论中。神经症患者会指出，他的恐惧是实际存在的，并列举出实际发生的例子。同样，如果谁认为原始人的某种恐惧是对实际危险的不恰当反应，他们也会同样固执地坚持自己的意见。举例来说，如果在某个原始部落食用某种动物是一种禁忌，而该部落的某个原始人不巧吃了这种动物，那么这给他带来的恐惧感将是致命性的。作为一个外来者和旁观者，你会认为这是不恰当的反应，这种恐惧事实上是毫无根据的。但一旦你了解了这个部落关于禁止食用某种肉类的信念内涵，你就会意识到，这种违禁行为对部落成员来说是非常危险的，可能会对他们狩猎或捕鱼的地方造成危险，还可能使整个部落罹患大病。

但是，我们发现原始部落存在的这种焦虑，和我们文化中的神经症患者身上发现的焦虑是有区别的。神经症性焦虑的内容并不涉及共同信仰的观点，这与原始人的焦虑不

---

[1] 弗洛伊德在其《精神分析新引论》一书中的《焦虑与本能生活》这一章节中，也在"客观性"焦虑与"神经性"焦虑之间进行了相似的区分，将前者描述为"对危险的明智反应"。

同。但不管哪一种焦虑，一旦明白了这种焦虑的含义，那种
认为它是不恰当性反应的看法就会被打消。例如，有些人对
死亡有着恒久的焦虑；另一方面，正是由于其遭受的痛苦，
他们对死亡又有一种隐秘的渴望。对死亡的种种恐惧，再加
上他们对死亡所打的如意算盘，就会对即将发生的危险产生
强烈的恐惧。如果我们对所有因素都有所了解，就会认为他
们这种对死亡的焦虑反应乃是恰如其分的。从另一个简化的
例子，我们发现，当人们置身悬崖边缘、站在高楼窗户旁或
高架桥上时，就会感到惊吓恐慌。这里也是一样，从表面来
看，这些恐惧反应也是不恰当的，但这种情景可能会让他面
对或在心中激起一种在生存愿望和出于某些原因想从高处跳
下去的冲动之间的冲突，正是这种内心冲突可能会导致焦虑
的产生。

　　所有这些思考都表明定义需要完善。焦虑和恐惧都是对
危险的恰当反应，但引起恐惧的危险因素，通常都是明显且
客观的；而引发焦虑的危险因素，常常是隐晦且主观的。也
就是说，焦虑的强度与情境对人所具有的意义成正比，至于
为何如此焦虑，焦虑者本人也尚不能知晓。

　　对恐惧和焦虑进行区分的实际意义在于，试图采用劝说
的方式来说服神经症患者摆脱焦虑，是无用的。他们的焦虑
涉及的并不是生活中的实际情景，而是他们内心所感受到的
情境。因此，心理治疗的任务只能是发现某些情境对他们所
具有的意义。

　　在说明了焦虑的含义后，我们要进一步弄清楚焦虑发挥
的作用。我们文化中的普通人，极少能意识到焦虑在其生活
中的重要性。通常而言，他们只记得自己童年时期曾有过的

一些焦虑，他们做过的一两次令其感到焦虑的梦；或者在其正常生活轨迹外的情境中，感到极为焦虑，例如，与一个极具影响力的人交谈之前，或者即将考试之前。

就这一点而言，我们从神经症患者身上获得的信息绝不是一致的。一些神经症患者能完全意识到自己正在被焦虑所困扰，而焦虑的表现变化多端：它可能以表现为一种弥漫性焦虑；也可能与特定的活动或场景相联系，例如：恐高、害怕上街或公开表演；还可能有明确的内容，例如：担心自己精神失常、担心患上癌症、担心吞下异物等。其他神经症患者觉得自己的焦虑时有时无，有时候能够意识到产生焦虑的外在条件，有时候则意识不到，不过他们并不认为这些外在条件非常重要。最后，还有些神经症患者只能意识到自己有抑郁感、自卑感、性生活紊乱等情形，但他们完全意识不到自己现在或者曾经有过任何焦虑。但是，进一步的调查常常发现，他们最初的陈述是不准确的。在对他们进行分析时一定会发现，其潜藏于表面的焦虑与第一组患者一样多，如果不是更多的话。精神分析使神经症患者意识到他们之前潜在的焦虑，这样他们就可能回忆起那些让他们感到焦虑的梦境以及感到非常不安的情景。然而，他们承认的焦虑程度，并不会超过正常限度。这表明：我们可能具有自己所不知道的焦虑。

若以此种方式呈现，表明这一问题的全部意义并未得到充分揭示。这只是一个更广泛问题的一部分，我们有爱、愤怒、怀疑的感受，这些情感转瞬即逝，几乎不会进入意识，且又如此短暂以至于我们很快便将其抛之脑后。这些情感可能是昙花一现，无关紧要的，但它们背后却同样有着巨大的动力作用。对一种感受的觉察程度，并不能说明其程度和重要性。[1]用到焦虑上，这意味着，我们不仅可能存在焦虑却不知，还可能意识不到这些焦虑在我们生活中所起到的决定性作用。

事实上，我们似乎在竭力摆脱焦虑或者避免这种情绪。这样做的原因很多，其中一个最常见的原因可能是，强烈的焦虑是一种最折磨人的情感。那些经历过强烈焦虑的患者会告诉你，他们宁愿死也不愿再次体验那样的折磨。除此之外，焦虑所包含的某些因素对个体来说是非常难以忍受的，无助感即是其中之一。个人面对巨大危险时，仍可能是积极勇敢的；但是饱受焦虑之时，他却感到，事实上也是如此，是非常无助的。承认这种无力感对于那些将权力、地位以及控制视为最高理想的人而言，是尤其不能容忍的。当他们感到自己的实际表现与预期不相符时，就会憎恨这种焦虑的感受，就如同这种感受证明了他们的软弱和懦弱一样。

焦虑中的另一个因素是显而易见的非理性。对一些人来说，他们难以忍受自己被非理性因素所控制。他们内心隐秘地感到自己处于被自身非理性冲突力量所淹没的危险中，或自动地把自己训练成严格服从理性的支配，因此他们绝对无法有意识地忍受任何非理性因素。除包含种种个人动机之外，后一种反应还涉及文化因素，因为我们的文化总是重点强调理性思维和理智行为，并将非理性，或者那些看似非理性的东西视为是劣等的。

就某种层面而言，与此相联系的是焦虑的最后一个因

---

[1] 这只是对弗洛伊德基本发现（即无意识的重要性）的一个方面的阐释。

素：正是通过这种非理性性质，焦虑向我们提出了一个含蓄的告诫，我们身上的一些东西已经偏离了正轨。因此，它实际上是一种警示，让我们对自己进行彻底地检查。并不是说我们有意识地将其看成一种警示，事实上，不论我们是否愿意承认，它实际上都是一种警示。没有人喜欢这样的警示，甚至可以说，我们反应最激烈的就是意识到我们必须改变自身的某些态度。但是，一个人越是绝望地感到正陷入自身恐惧和防御机制的复杂关系之中，他就越是活在那种自己完美无瑕且在任何事情上都是正确的这种妄想中；如果有间接或含蓄的暗示指出——他自身有些错误或是需要改变，他越是持拒绝的态度。

在我们的文化中，有四种方式避免焦虑：将其合理化，否认焦虑，麻痹自己，避免那些能引起焦虑的思想、情绪、冲动和境遇。

第一种方式即合理化，是对逃避责任的最佳解释，其实质在于将焦虑转化为合理的恐惧。如果我们无视这种转变的心理价值，那么我们就可能会想象这种转变带来的变化并不大。一位过度焦虑的母亲，事实上只是关心她的孩子而已，不论她是否承认自己的焦虑，或者将焦虑解释为一种合理的恐惧。然而，我们可以实验无数次，如果试图告诉这位母亲她的反应不是一种理性的恐惧而是焦虑，暗示她的反应与实际的危险不相符，且包含着个人因素，她会拒绝这种解释，并竭尽全力证明你是错误的。难道玛丽不是在育婴室感染过这种传染病吗？难道强尼不是因为爬树摔断过腿吗？最近不是有人用糖果来诱骗孩子吗？难道她自己不是完全出于爱与责任才那样做的吗？

无论何时，当我们遇到这种为其非理性态度进行激烈辩护的人，我们几乎可以肯定，这种态度对那个人来说具有非常重要的功能性作用。这样的母亲，觉得她可以在这种处境下主动做些什么，而不是被情绪所困以至于感到无能为力；她不仅不会承认自己的软弱，反而会为自己的高标准而感到自豪；她不仅不会承认自己的非理性态度，反而会认为其态度完全是正当合理的；她不会觉察并接受改变自己某些态度的警示，还会继续将责任归咎于外部环境，以此来避免面对自己的真实动机。最终，她要为这种暂时的利益付出代价，那就是永远无法摆脱自己的焦虑。尤其是，她的孩子们也要为此付出代价，但她完全没有意识到这些。而且，归根结底，她不愿意去意识这些，因为她内心深处抱有一种幻想，认为自己可以不改变自己的态度，同时又能获得只能由这种改变而带来的所有好处。

这一原则适用于所有将焦虑看成是合理恐惧的倾向，不论其内容是什么：对生育的恐惧、疾病的恐惧、饮食不当的恐惧、灾难或贫穷的恐惧。

逃避焦虑的第二种方式就是否认焦虑的存在。事实上，在这种情况下，除了否认焦虑，将其排除在意识之外，我们并不能真正摆脱焦虑。这时候，一些生理现象会伴随焦虑或恐惧情绪产生，例如，颤抖、出汗、心跳加速、窒息感、尿频、呕吐、腹泻等；在精神层面，则表现为慌乱不安、无故冲动和麻木纳呆等。当我们害怕并意识到自己害怕时，都会产生这样的感觉和生理现象；这些感觉和生理现象可能确实存在，并成为受到压抑的焦虑的独有表现方式。在后一种情况下，个体自身能够意识到的只是一些外在情况，如：某些场合下会频繁上厕所，在火车上会经常呕吐，有时还会夜间盗汗，且这些状况并没有任何生理原因。

但是，我们同样也可能会有意识地否认焦虑或者试图去克服它。这类似于发生在正常水平上的情况，即通过全然无视恐惧来试图摆脱恐惧。最常见的例子就是发生在士兵身上，其为了克服恐惧而表现出英勇的行为。

神经症患者也会通过做出有意识的决定来克服焦虑。举例来说，有一个女孩儿，直到临近青春期都深受焦虑折磨，特别是与入室盗窃相关的焦虑。但她有意识地决定无视这种焦虑，她自己会独自一人睡在阁楼上，或在空无一人的房子里行走。她带来做精神分析的第一个梦，揭示了其态度的种种变化。事实上，很多时候梦中都包含着可怕的情境，但是每一次她都能勇敢面对。其中一个情景是，一个晚上，她听到花园里有脚步声，于是，走到阳台上大喊："谁在那儿？"她成功地摆脱了对入室盗窃的恐惧。但引发她焦虑的内在因素并未发生改变，所以，由于焦虑所导致的其他后果并未消失。她仍然非常孤僻、胆怯，认为自己是不受欢迎的没用的人，且无法从事任何富有建设性的工作。

在神经症患者身上，通常没有这样富有自觉意识的决定，这个过程通常是自发进行的。然而，神经症患者与正常人的区别并不在于做决定的自觉意识程度，而在于其所达成的结果。神经症患者竭尽全力，所能达到的也只是缓解或消除特殊的焦虑表现形式，就好像那个女孩不再害怕入室盗窃一样。我并不是要低估这一结果，它不仅可能拥有实际的价值，也可能在增强自尊心的过程中具有心理价值。然而，这种结果通常会被高估，因此，必须要指出其负面影响。[1]事实上，在这一结果中，不仅人格层面的基本动力没有发生改变，而且神经症患者丧失了其内在紊乱的明显表征，同时，也就失去了促使他们解决困扰的动力源。

对焦虑不顾一切地抑制，在神经症患者身上发挥了重要的作用，且常常不易被正确地察觉。例如，许多神经症患者在某些特定情境中表现出的攻击性，通常被看成是真实敌意的直接表达；而实际上，却可能是他们在感受到攻击的压力下，不顾一切地想要征服自己的内在胆怯。虽然有些敌意确实存在，但是神经症患者可能会夸大其感受到的攻击，他的焦虑促使其克服自身的胆怯。如果忽视了这点，我们就可能会出现将这些莽撞行为错当成是真正的攻击行为的危险。

摆脱焦虑的第三种方式就是麻痹自己，可以有意识地、不加掩饰使用酒精或药物来达到麻痹目的。但是也还有很多方法可以实现这一目的，而且这些方法之间没有明显联系。其中一种是由于害怕孤独而参与到社会活动之中，不管这种恐惧是否被意识到，或者仅仅是一种模糊的不安，都不可能改变真实的处境。另一种麻痹焦虑的方式就是全身心投入到工作当中，这一点可以从工作所具有的强迫性质，以及周末或节假日的不安中看出来。对睡眠的过度需求，也会导致相同的结果，尽管这种过度的睡眠无法使人的精力得到充分恢复。最后，性行为也可以被视为释放焦虑的"安全阀"。长久以来，人们都认为强制性自慰是由焦虑所引发，但却没认识到，所有的性关系均可能是由焦虑所导致的。那些将性行

---

[1] 症状的消失并不是治愈的充分指征，弗洛伊德总是强调这一点。

为作为消除焦虑主要手段的人，如果没有机会得到性满足，即使是在很短时间内没法得到，也会变得极为焦躁不安。

摆脱焦虑的第四种方式是最为彻底的，它包括避免所有引发焦虑的情境、想法和感受。这可能是一个意识过程，就像害怕跳水或爬山的人会避免这些活动一样。更确切地说，个体能够意识到焦虑的存在并避免焦虑。但是，他也可能只是模糊地意识到，或者根本没有意识到自己回避焦虑的方式。例如，他会无意识地拖延那些与焦虑有关的事情——迟迟不做决策、不去看医生、不予回信等；或者会主观地认为那些自己关注的事情（参与讨论、给员工下达命令、将自己与他人断绝关系）并不重要，或者装作自己不喜欢这些事情，并以此抛开它们。因此，一个担心在派对中会被忽视的女孩，很可能会让她自己相信自己并不喜欢社交聚会，而干脆避免参加舞会。

如果进一步深入这一点之中，即这种回避是自发发挥作用的，我们就会接触到一种抑制现象。抑制就是不能做、无法感知或思考某些事情，它的作用在于避免个体尝试去做这些时所引发的焦虑。此时，意识层面并不存在焦虑，也不能通过有意识的努力来克服这种抑制状态。抑制以最为引人注目的形式存在于癔症性功能丧失中：癔症性失明、癔症性失语或癔症性肢体瘫痪。在性领域中，性冷淡和阳痿就是这种抑制的代表，尽管性压抑的结构可能更为复杂。在精神领域，往往表现为无法集中注意力、无法形成和表达自己的观点、与他人交往不畅等，这些都是常见的抑制现象。

用一些篇幅来列举抑制现象很有价值，这样可以使读者对抑制的形式、种类和发生频率有一个全面的认知。但是，我认为这项工作不妨留给读者来做，让他们自己回忆他们在这方面的观察。因为抑制的作用在当下已经是众所周知，如果它得以充分发展，那么很容易就能将其辨认出来。尽管如此，我们还是要简单地考虑一下先决条件，否则，我们就会低估压抑作用发生的频率，因为我们通常意识不到自己身上究竟存在多少压抑。

首先，我们要意识到自己做某件事的欲望，然后才能意识到自己实际上没有能力做这件事。例如，我们先要意识到自己有哪方面的野心，才能意识到自己在这个领域有哪些抑制。也许有人会问，难道我们不是时刻都知道自己想要什么吗？当然不是。例如，我们可以设想这样一个人，他在听一篇论文宣讲的同时，对这篇论文有了某些批判性思考。这时，轻微的抑制作用会使此人羞于表达自己的批判性想法；强烈的抑制作用会妨碍其思维的形成，从而导致其在讨论结束之后或者第二天早晨，才能形成自己的批评意见。甚至，抑制作用可能会更严重，以至于其根本无法形成任何批判性想法。在这种情况下，假设他压根儿不同意别人的意见，却很有可能会倾向于盲目接受别人说的一切，甚至会非常钦佩那些言论，且他完全不知道自己身上有任何压抑。换句话说，如果抑制作用强大到足以妨碍我们的愿望或冲动，那我们也就根本无法意识到它的存在。

第二种可能会阻止我们意识到抑制作用的因素发生在这样的时候，即当抑制在个体的生命中起非常重要的作用时，他会更加坚信这是不可改变的事实。例如，一个人身上存在着一种与任一竞争性工作相关的巨大焦虑，使他每次工作尝试后都会产生强烈的疲惫感，这时个体就会坚信自己不够强大，不能胜任任何工作。这种信念对他起到了保护作用，而如果承认了自己身上的抑制作用，他就不得不回去工作，从而让自己置身于可怕的焦虑之中。

第三种可能性使我们再次回到文化因素中。如果，个人的抑制状态与文化或现存意识形态中所认可的抑制形式相吻合，那么，这种抑制可能永远不会进入到意识之中。不敢接近女性的患者，由于习惯于从女性神圣不可侵犯这一普遍接受的观念去理解自己的行为，因此他不会意识到这是一种严重的抑制行为。对自身需求有所抑制的倾向，很可能是建立在"谦虚是美德"的信条上。我们可能无法对政治、宗教中居统治地位的条条框框产生任何批判性思维，且根本无法意识到这种抑制，因而，我们也就完全意识不到自身存在着与受惩罚、被批判或是遭孤立有关的焦虑。但是，为了更好地判断这种情形，我们必须详细地了解个体因素。缺乏批判性思维并不一定意味着存在抑制，也可能是由于思维惰性、愚昧，或者确信自己真的与主流教条完全一致的信念。

这三种因素中的任何一种，都可能使我们不能识别出存在的抑制作用，都可以解释为什么，即使是经验丰富的精神分析学家要识别并确认这些抑制倾向也很困难。但是，即使假设我们能将其全部识别出来，我们对抑制发生频率的估计还是会偏低。我们要将所有这些反应都考虑在内，尽管这些反应还只是尚未完全成熟的抑制作用，但却处于臻于成熟的途中。在我们的内心，我们还是能做一些事情的，但是与这些事相关的焦虑，却会对我们行动本身产生一定的影响。

首先，进行一项能让我们产生焦虑的活动后，就会产生紧张、疲惫和衰竭感。举个例子，我的一个病人（她正在逐渐摆脱不敢在大街上行走的恐惧，但仍然对此心存许多焦虑）在星期天上街散步时，就会感到筋疲力尽。我们从她能够完成繁重家务而不感到丝毫疲惫这一事实，可以看出其这种精疲力竭并非由生理上的劳累所致。恰恰是与户外散步有关的焦虑导致了疲惫感。这种焦虑已经减少到足以使她能够在户外散步，但还没有减少到不使其感到虚弱的程度。事实上，许多机体障碍常常被归咎于过度工作，但实际上并不是工作本身引起的，而是由于对工作的焦虑或是对同事关系的焦虑所引发的。

其次，与特定活动相关的焦虑会导致与该活动的相关功能遭到损坏。例如，如果是一种与下达命令相关的焦虑，则此命令会以带有歉意的无效方式发布出来；而对骑马的焦虑，会使人无法驾驭马匹。对这种情形的意识程度是不尽相同的，个体可能会意识到焦虑阻碍其以一种令人满意的方式完成任务，或者他可能隐约觉得自己无法将某事做好。

第三，与某种活动相关的焦虑，会破坏活动本身可能产生的欢愉。对于轻微的焦虑来说不存在这种现象，相反，轻微焦虑会促使个体产生额外的热情。带着些许担忧坐过山车，会使这个过程更加令人兴奋；但若带着强烈的焦虑情绪，将使这个过程变成一种折磨。一种与性关系密切相关的强烈焦虑，会使性关系变得索然无味；而如果个体不能意识到焦虑，他就会觉得性关系本来就没有任何意义。

最后一点可能会引起困惑，因为我之前说过，厌恶感可以成为避免焦虑的方式，现在我要说的是厌恶感可能是焦虑的结果。事实上，这两种陈述都是正确的。厌恶感可能既是一种逃避手段，又是焦虑所产生的后果，这是一个理解心理现象困境的简单例子。心理现象往往错综复杂、相互交织，除非我们下定决心去考察那些数不清的交织在一起的相互作用，否则，我们在心理学知识领域就不会有任何进展。

讨论如何保护自己以免受焦虑影响的目的，并不是对所有可能的防御机制进行详尽的揭示。事实上，我们很快就能看到避免焦虑的更为彻底的方法。现在，我的主要关注点是证实以下主张：一个人实际存在的焦虑要比他意识到的多得多，还有些焦虑是他根本没有意识到的；同时，也为了指出一些从中发现焦虑的共同之处。

因此，简单来说，焦虑可能被生理上的不适感所掩盖，例如：隐藏于心跳过速和疲劳感背后，也可能被一些看似合理的恐惧所掩盖，它也可以驱使我们去酗酒或是沉迷于寻欢作乐的潜在动因。我们还常发现，它是使我们无法做或者无力享受某事的原因；我们还会发现，它是隐藏于各种抑制背后的动因。

由于某些将在后面章节讨论到的原因，我们的文化使得生活在其中的人们产生了大量焦虑。因此，几乎每个人都建立了一种或几种我提到过的防御机制。个体的神经症越严重，其人格被这种防御机制所渗透和决定的程度就越重，他无法做到或者不想做的事情就越多；尽管就其生命力、精神状态或者教育背景而言，我们有理由期待他去做这些事。神经症病症越严重，他身上存在的抑制就越多，这些抑制倾向不仅微妙还很强大。[1]

---

[1] 舒尔茨·亨克在《精神分析绪论》一书中，特别强调了缺口的重要性，即我们在神经症患者生活和人格中发现的那些空白。

第四章　焦虑与敌意

　　在讨论焦虑和敌意之间的区别时，我们得出的第一个结论是，从本质上来说，焦虑是一种涉及主观因素的恐惧，那这种主观因素的本质是什么？

　　我们从描述一个人在焦虑情绪下的经历开始。他会体验到一种强烈的无法摆脱的危险感，对这种危险感，他自己却是无能为力的。无论焦虑的表现形式怎样，不论是对担心患上癌症的疑病症性恐惧，对雷雨的焦虑、恐高，或是任何其他类似的恐惧，这两种因素，即极其强大的危险感和对这种危险感的无力抵抗，都会始终存在。有时，让他感觉到无能为力的危险力量源自外界——暴风雨、癌症、事故，诸如此类；有时，他会觉得这种对自身产生威胁的危险感源自难以抑制的内在冲动——害怕自己会控制不住从高处跳下去，或是忍不住用刀子伤害别人；有时候这种危险感模糊且无形，就如同焦虑发作时的感受一样。

　　然而，这些感觉本身并不是焦虑所独有的特征。在任何涉及事实性的巨大危险和面对这种危险的实际无助感的情况中，也完全会产生同样的感觉。我可以想象，身处地震中或是一个遭受残忍折磨的不到两岁婴儿的主观经验，同一个由于雷雨而产生焦虑的人的主观经验并没有什么区别。在恐惧的情形中，危险是实际存在的，对危险的无助感也是现实情境所决定的；而在焦虑情境中，危险是由内部心理因素所激发或放大的，而无助感也是由自身态度所决定的。

因此，焦虑中主观因素的问题就被还原为了一种更为具体的探究：究竟是什么样的心理状态，导致了这种紧迫且强大的危险感，以及对这种危险的无力态度？无论如何，心理学家都必须提出这个问题。体内的化学环境也可以产生感觉，产生伴随焦虑而出现的身体反应，这就如同体内化学环境可以导致兴奋或睡眠这个事实一样，事实上它们并不是心理学问题。

像解决其他问题一样，在处理焦虑这个问题的过程中，弗洛伊德为我们指出了前进的方向。他通过自己的重要发现做到了这一点，即焦虑所包含的主观因素在于我们自身的本能驱力；换言之，焦虑预期的危险以及对这种危险的无助感，都是由自身冲动的爆炸性力量所引起的。在本章最后部分，我将对弗洛伊德的观点进行深入讨论，并指出我所得出的结论与他有何不同。

原则上，任何冲动都具有引发焦虑的潜在力量，只要对这种冲动的发现或执着意味着对其他维持生命所必需的利益或需求的侵犯，只要这种冲动是非常必要或充满热情的，情况就会如此。在那些有明确且严厉的性禁忌时代，好比维多利亚时代，屈从于性冲动，常常意味着招来实际危险。例如，一位未婚少女，如果屈从于性冲动，就必须要面对遭受良心谴责和社会耻辱的现实危险；屈从于手淫欲望的人，则必须面对被阉割或者致命的身体伤害，再或者精神疾病的警告等实际危险。今天，这些原则对某些反常的性冲动依旧适用，例如，暴露癖、恋童癖。然而，在我们这个时代，就"正常"的性冲动而言，我们的态度变得非常宽容，可以在内心承认性冲动的存在，并在现实中使之得以实践，而不会面临太多的严重危险。因此，在这一点上我们没有什么可担心的实际理由。

就我的经验而言，与性相关的文化态度的转变可能导致这样的事实：类似于这样的性冲动只有在一些特殊情况下才能成为潜藏于焦虑背后的动力因素。这种说法似乎有些言过其实，因为，毋庸置疑，从表面来看，性欲望似乎与焦虑相关。神经症患者身上经常能够发现与性关系有关的焦虑，或者在这方面，由于焦虑而发生抑制。然而，更详细的分析表明，焦虑的基础并不在于这种性冲动，而在于与性冲动相伴随的敌意冲动，例如，通过性行为来伤害或者羞辱对方的冲动。

事实上，正是各种不同形式的敌意冲突，构成了神经症性焦虑由以产生的主要来源。恐怕这个新的说法，听起来像是从某些正确案例中形成的一种不合理的概括。这些案例，尽管，我们从中可以发现敌意与它所产生的焦虑之间的直接关系，但这不是我做出上述陈述的唯一依据。众所周知，如果敌意冲动的诉求是挫败自我的目标，那么强烈的敌意冲突就是导致焦虑产生的直接原因。这有一个可以说明许多诸如此类问题的例子：F先生与玛丽小姐一起在山中徒步旅行，F先生对玛丽小姐倾心已久，但是，由于他莫名其妙发作的醋意，他突然对她产生了一种强烈的愤怒。当他们一起在陡峭的山路上行走时，他突然产生了一种严重的焦虑，并伴有呼吸困难和心跳加速，因为他意识到自己有一种想把玛丽推下山崖的冲动。此种焦虑的结构与源自性欲的焦虑结构是完全相同的：一种强迫性冲动，如果屈服了，对自己而言就是一场灾难。

然而，在绝大多数人身上，敌意和神经症性焦虑之间的直接因果关系并不那么明显。因此，为了进一步阐明我所说的，在我们时代的神经症患者中，敌意是促使焦虑产生的主要心理因素，就有必要详细研究压抑敌意后所导致的心理结果。

压抑敌意，意味着"假装"所有事情都是正确的，因此，该战斗的时候，或者至少是我们想要战斗的时候，却避免进入战斗。因此，这种压制所造成的第一个不可避免的后果就是，无防御感的产生，或者说得更准确些，进一步对已有的无防御感进行了强化。当一个人的利益受到实际侵害时，如果压抑敌意，那么其他人就会有机可乘。

化学家C的经历，就代表了日常生活中的此类现象。由于工作过度，C患上了神经衰弱症。他颇有天赋且雄心勃勃，但他自己却意识不到这些。由于一些我们搁置不论的原因，他压抑了自己的抱负，因此一直看起来很谦和。当他进入一家大化学品公司的实验室时，另一年龄比他大、职位比他略高的同事G，将他置于自己的羽翼之下，并表现得对他非常友好。由于一些个人因素，例如依赖于他人的关爱，早已存在的对他人进行批判性观察的胆怯，C无法意识到自己的雄心壮志，因此也意识不到其他人的野心，C非常乐意接受这种友善，却没有注意到，G实际上除了自己的事业外，对其他事都毫不关心。让他隐约感到震惊的是，有一次，G报告了一个可能形成一项发明的想法，而这个观点实际是C的，在此之前，C在一次友好的交谈中透露给了G。有那么一瞬间，C对G产生了怀疑，但是，由于他自己的野心事实上激发了内心强烈的敌意，所以他很快便压制了这种敌意，不仅如此，他还将由此产生的怀疑和批评也一并压抑了下去，于是，他仍然相信G是他最好的朋友。当G不支持他再继续进行某项工作时，他只是从表面价值层面来接受这一建议。当G完成了那项本该由C完成的发明时，C只是感到G的天赋和才智远在自己之上，他为自己拥有如此令人钦佩的朋友而感到非常高兴。由于他压制了自己的怀疑和愤怒，C无法注意到，在许多关键性问题上，G是他的敌人而不是朋友。由于他紧握这种被人喜欢的幻觉不放，C便放弃了为自己利益而斗争的准备。他甚至意识不到自己的重大利益受到了损害，他也就不能为此而战，从而让别人利用了自己的弱点。

借由压抑得以克服的恐惧，也可以通过将敌意置于意识控制之下来进行克服。但是，对个体来说，是控制敌意还是压抑敌意并不是可选择的，因为压抑是一个类似反射性的过程。在一个特定的情况下，个体意识到自己处于无法忍受的敌意之中，压抑就会发生。当然，在这种情况下，他就不能通过意识控制来克服敌意了。意识到敌意让人难以忍受的主要原因可能在于，一个人可能在憎恨某个人的同时又爱或需要此人；又或者在于，个体可能不愿意正视产生敌意的原因是嫉妒或者占有欲等；还可能是因为，意识到自己内心对他人的敌意是一件可怕的事情。在这种情况下，压抑是能消除疑虑使人心安最简洁快速的方式。通过压抑，这种令人感到害怕的敌意就会从意识层面消失，或是被阻拦在意识的大门之外。我换个表达方式再来重复这句话，尽管非常简单，但确实是精神分析中极少为人所了解的论断之一：如果敌意受到了压抑，个体就丝毫想不到自己内心怀有敌意。

但是，这种消除疑虑最快速的方式，从长远来看，并不一定是最安全的方式。通过压抑过程，敌意（或者为了说明其动力特征，我们在这里最好使用愤怒这个词）被驱逐出了意识，但它并没有消失。它从个体的人格背景中分离出来，并因此脱离了控制。作为一种爆发性和爆炸性的情感，在个体内心翻滚，并倾向于寻求释放。被压抑的情感其爆发性更强，因为它与人格相分离，从而使自身具有了更强大且令人惊奇的维度。

一旦个体意识到自己的敌意，敌意的扩张就会从三个方面受到限制。第一个方面，在特定环境中考虑周围的环境因素，将使个体明白对自己的敌人或所谓的敌人能做什么，不能做什么。第二个方面，如果一个人愤怒的对象，是个体在其他方面所敬仰、喜欢或者需要的人，那么，这种愤怒或早或晚会整合到他的整体情感之中。最后一个方面，个体一旦形成了做什么合适、做什么不合适的感知，不论其人格如何，都会限制其敌意冲动。

如果愤怒被压抑，那么通向这些限制可能性的渠道就被切断了，结果是，敌意冲动会从内外两方面来突破这些限制，哪怕只在想象中进行。我前面提到的那位化学家，如果能按照其冲动行事，他就会告诉其他人G是如何滥用他的友谊，或者向上级透露G剽窃了他的想法，又或者阻止G继续进行相关研究。由于他压抑了自己的愤怒，使这种情绪被分化或者扩散掉了，可能会在梦境中呈现出来。在他的梦中，他可能以某种象征性的形式成了杀人犯，或者变成了令人敬佩的天才，而其他人则威信扫地。

通过分化的作用，随着时间的推移，被压抑的敌意可能会因外部因素而得到强化。举例来说，如果一个高级雇员因为上司没跟他进行讨论就做出安排，而对上司产生了愤怒，如果他压抑了自己的愤怒，不再对安排提出异议，那么上级必然会继续骑在他的头上，因此，雇员就会不断地产生新的愤怒情绪。[1]

压抑敌意的另一个后果源于这样一个事实，个体会将那种无法控制的高度爆发性的情感记录在内心。在讨论这个后果之前，我们必须考虑由此产生的一个问题。根据定义，压抑一种情感或冲动的后果是，个体再也不会意识到其存在，因此，在他的意识层面，他并不知道自己怀有任何针对他人的敌意。那么，我怎么能说他在内心"记录"了那些被压抑的情感是存在的呢？答案基于以下事实，即意识和无意识之间并没有严格的必择其一的取舍，但正如沙利文在一次演讲中所指出的那样，存在着不同的意识水平。被压抑的冲动不仅还能发挥作用（这是弗洛伊德的基本发现之一），在意识的较深水平上，个体还能意识到它的存在。将其还原为尽可能简单的说法就是，本质上来说，我们不能自欺欺人，我们

---

[1] F. 昆克尔在《性格学引论》中已经注意到这样一个事实，即神经症患者的态度会产生一种环境反应，通过这种反应，态度本身又进一步得到强化，结果就是神经症患者越陷越深，越来越难以逃离这种困境，昆克尔将这种现象称为"魔鬼之圈"。

对自己的观察比我们意识到的要好，就像我们观察别人比我们意识到的要好一样。例如，我们对别人形成第一印象往往很正确，但我们仍有足够的理由不去注意我们在这方面的观察。为了避免重复解释，当我谈及，我们实际知道内心发生了什么，但我们没有意识到这一点时，我将使用"记录"这个词。

通常，只要敌意及其对其他利益的潜在威胁足够大，压抑敌意的后果本身就足以产生焦虑，模糊的焦虑状态可能是通过这种方式得以建立。但是，更常见的情况是，这一过程并不会停滞不前，因为个体迫切地想要摆脱这种从内部威胁自身利益和安全的危险情感。第二种类似于反射的过程就产生了，个体将其敌意冲动"投射"到外部世界。第一种"伪装"就是压抑，需要第二种"伪装"来补充："假装"这种毁灭性的冲动不是来自他自身而是来自外界事物。从逻辑上来讲，他自身的敌意冲动所投射的对象，正是这些敌意冲动所指向的人。结果是，这个人当下就拥有了投射者心中可怕的部分。部分原因在于这个人被赋予了投射者本人受到压抑的敌意冲动所具有的残忍性质，部分原因在于，在任何危险中，这种效能的程度不仅取决于实际情形还取决于他们对实际情形所持的态度。一个人越是缺乏防御能力，危险看起来就越大。[1]

作为一种附带功能，投射也满足了自我辩护的需求。

---

[1] 埃里希·弗洛姆在《权威与家庭》一书中（该书由国际社会研究院的马克思·霍克海默编辑出版）曾明确指出，我们对一种危险做出的焦虑反应，并非机械地取决于该危险实际上的大小程度，"一个具有无助、消极被动态度的个体，对即使相对来说较小的危险，也做出焦虑的反应"。

并不是个体本身想要欺骗、偷盗、剥削、羞辱他人，而是其他人希望对自己做这样的事情。一个意识不到自己有毁灭丈夫这一冲动倾向的妻子，在主观上相信自己非常爱自己的丈夫，由于这种投射机制，很可能认为自己的丈夫是一个想要伤害她的野兽。

投射过程可能会也可能不会被另一个为达到相同目的的过程所支持：对报复的恐惧可能会控制被抑制的冲动。在这种情况下，一个想要伤害、欺骗其他人的人也害怕其他人对自己做相同的事情。这种对报复的恐惧究竟在多大程度上是人性中根深蒂固的普遍特性，在多大程度上源于罪恶与惩罚的原始经验，在多大程度上为个体的报复行为预设了一种动机，对这些我不给出答案。毋庸置疑，这种报复恐惧在神经症患者的心中发挥着重要作用。

压抑敌意所产生的过程，导致了焦虑的情绪。事实上，压抑产生的状态，正是焦虑的典型状态：感到源自外界强大危险而出现的一种缺乏防御能力的感觉。

尽管，从原则上讲，焦虑产生的步骤非常简单，但在实际中，要理解焦虑产生的条件是相当困难的。其中一个复杂的因素是，被压抑的敌意冲动常常不是投射到个体实际上与之相关的那个人身上，而是投射到其他事物上。例如，在弗洛伊德的一个案例中，小汉斯并未对他的父母产生焦虑，而是对白马产生了焦虑。再者，我有一个非常敏感的病人，她压抑了自己对丈夫的敌意，她突然对游泳池中的爬行动物产生了焦虑。似乎任何东西，从细菌到暴风雨，都可以成为焦虑附着的对象。这种将焦虑从相关个体身上分离出来的倾向，原因非常明显。如果焦虑情绪确实指向父母、丈夫、朋友或者类似亲密关系中的人，那么拥有这种敌意就会使人感到与尊重权威、忠于爱情、欣赏朋友的现存关系不相符。面对这样的情况，最好的方式就是完全否认敌意的存在。通过压抑自己的敌意，个体就否认自己身上存在任何敌意，通过将其敌意投射到暴风雨上，他也就否认了他人身上存在的敌意，许多对幸福婚姻的幻想都是基于类似的鸵鸟心态。

说敌意的压抑不可避免地会导致焦虑的产生，并不意味着，每次压抑发生时，都会表现出明显的焦虑。焦虑可能会通过我们已经讨论过或将要讨论的保护机制中的一种立即转移，处于这种情况之中的个体，可能会采用这样的方式来进行自我保护：例如，提高自己对睡眠或者饮酒的需求。

在压抑敌意的过程中，会产生出许多不同形式的焦虑。为了更好地理解所产生的各种不同结果，我将以下述形式呈现不同的可能性。

A. 感到危险是源自个体内在冲动。

B. 感到危险源自外界。

从压抑敌意的后果看，A组似乎是压抑的直接结果，而B组以投射为前提，A组和B组都可以进一步划分为两个亚组。

（1）感到危险是指向自己的。

（2）感到危险是指向他人的。

这样我们就形成了四种主要的焦虑类型：

A（1）感到危险来源于自身冲动，并指向自己。在这个类型中，敌意会继而转向针对自己，这个过程我们后面将会讨论。

例子：因控制不住自己想要从高处跳下而感到恐惧。

A（2）感到危险来源于自身冲动，但却指向他人。

例子：因控制不住想要用刀伤人而感到恐惧。

B（1）感到危险来源于外界，并指向自己。

例子：对暴风雨的恐惧。

B（2）感到危险来源于外部，并指向他人。在这个类型中，敌意被投射到外部世界，而最初的敌意对象仍然存在。

例子：过度担忧的母亲，对一些会威胁其子女的危险感到焦虑。

不用说，这一分类的价值是有限的。在提供一种快速的定向上，它或许是有用的，但它不能解释所有的可能例外的情况。例如，不能做出以下推断，有A型焦虑的人不会投射出他们被压抑的敌意，只能据此推断，在这种特定形式的焦虑中，投射并不存在。

敌意可以产生焦虑，但两者之间的关系并不局限于此，这个过程还可以对周围其他方式起作用：基于受到威胁的感受，焦虑可以轻易地反过来以防御的形式产生一种反应性敌意。在这点上，它与恐惧没有任何不同之处，恐惧也同样会引发攻击性。如果反应性敌意被压抑，会产生焦虑，这样就形成了一个循环。焦虑和敌意间的相互作用会产生以下效应，其中一个总会激发和加强另一个，这就使我们能够理解，为什么会在神经症患者身上发现大量无情的敌意。[1]这种交互影响，也是为什么严重的神经症患者在没有明显的外部不良条件时，病情也会日益严重的一个基本原因。敌意或焦虑到底哪个是主要因素，这一点无关紧要，对神经症的动

---

[1] 一旦我们意识到敌意是由焦虑而得以强化，似乎就没有必要为这些破坏性的驱力寻找一个特定的生物学根源，就像弗洛伊德在他关于死本能的理论中所说的那样。

力学来说，最重要的是明白焦虑和敌意是不可分离地交织在一起的。

总体而言，我提出的焦虑概念，本质上来说是使用精神分析的方法得出的，它要通过无意识力量、压抑过程、投射等诸如此类的动力才能发挥作用。但是，如果我们要想讨论得更为详细，就会发现，它与弗洛伊德的观点在好几个方面都有所不同。

弗洛伊德曾相继提出了两种关于焦虑的观点。简单来说，第一种观点是，焦虑是抑制冲动的结果。这里只涉及性冲动，因而是一种纯粹生理学的解释，因为它基于以下信念，即如果性能量受阻得不到释放，就会在体内产生生理紧张，这种紧张会进一步转化为焦虑。根据他的第二个观点，焦虑（或者他所说的神经症焦虑）源于对这样一些冲动的恐惧，这些冲动的发现或者追求会引来外部危险。第二种解释是心理学的，不仅涉及性冲动还涉及了攻击性。在这一对焦虑的解释中，弗洛伊德并没有关注到冲动的压抑或者不压抑，而只关注对这些冲动的恐惧，因为对这些冲动的追求会带来外来的危险。

我所提出的焦虑的定义基于这样一种信念，即必须将弗洛伊德两种观点结合起来，才能认识焦虑的全貌。因此，我让其第一个观点摆脱了其纯粹的生理基础，将它与第二个概念结合起来。总体而言，焦虑并不是主要是源于对冲动的恐惧。在我看来，弗洛伊德未能很好地使用焦虑的第一种观点的原因（尽管这一观点是建立在具有独创性的心理学观察基础上的）在于，他只给出了一个生理学的解释，而不是提出了这样一个心理学问题：如果一个人压抑了一种冲动，那他的心理会发生什么后果？

我与弗洛伊德分歧的第二点在于，在理论层面不那么重要，但在实践层面却非常重要。在这一点上我同他的观点完全一致：每种冲动都会产生焦虑，只要其表达会招来外部危险。性冲动当然就是这一类冲动，但只有在严厉的个体和社会禁忌下，它才会成为危险冲动。[1]从这个方面来看，性冲动引发焦虑的频率，在很大程度上取决于现存文化对性的态度。我并不认为性是焦虑的一个特殊来源，但是，我相信敌意中，或者更准确地说，是被压抑的敌意中，存在着这样一种特殊来源。我用简单实用的语言来表述一下我在本章中提出的概念：无论何时，我发现焦虑或者焦虑的迹象，我的脑海中就会浮现出这样的问题，什么样的敏感点受到了伤害并由此引发了敌意？又是什么使得压抑成为必要？我的经验是，沿着这些方向进行探索，通常能获得一种对焦虑令人满意的理解。

我的发现与弗洛伊德的第三点区别在于，弗洛伊德假设焦虑仅产生于童年，始于所谓的出生焦虑，随后是阉割恐惧，而后产生的焦虑都是以童年时期的幼稚行为反应为基础的。"毋庸置疑的是，我们称为神经症患者的人，他们对危险的态度仍然停留于婴幼儿时期，尚未成熟到脱离已经过时的焦虑状态。"

让我们分别对解释中包含的元素进行思考。弗洛伊德宣称，在童年时期，我们特别容易产生焦虑反应。这是一个毋

---

[1] 可能在某些社会中，例如塞缪尔·巴特勒所撰写的《乌有乡》中所描绘的那样的社会，任何生理疾病都会受到严厉的惩罚，因而一种患病的冲动也会是被禁止的焦虑。

庸置疑的事实，它有充分且易于理解的理由，因为对于不利影响，儿童相对而言较为无助。事实上，在性格神经症患者身上，我们总会发现，焦虑始于童年早期，或者至少是我所说的基本焦虑，就始于这一时期。然而，除此之外，弗洛伊德还认为，在成年神经症患者身上的焦虑，仍与最初引发焦虑的条件有关。这意味着，例如，一个成年男子也会像小男孩那样因阉割恐惧而苦恼，尽管形式有所不同。毫无疑问，的确存在一些罕见的病例，在这些病例中，一种婴儿期的焦虑反应会伴随适当的刺激，以不加改变的方式，再次出现在后来的生活中。[1]但是，一般而言，我们发现的，用一句话来说就是，不是重演而是发展。在有些病例中，精神分析让我们对神经症如何形成有了一个全面的了解。我们发现，从早期焦虑到成年怪癖之间，有一条没有间断的反应链。因此，与其他因素一起，后期的焦虑包含儿童期存在的特殊冲突。但是焦虑作为一个整体，并不是婴儿期的反应。如果将焦虑看作是一种婴儿期的反应，会让两种不同的事物产生混淆，即将婴儿期产生的每种态度都错误地看成一种幼稚态度。如果有正当的理由将焦虑称为一种婴儿期的反应，那么至少也有同样正当的理由认为，应将其称为儿童身上早熟的成人态度。

---

[1] J. H. 舒尔茨在《神经症、生命需要和医生责任》一书中，记录了一个病例。一个职员总是不断地更换工作，因为一些上司总是让他感到愤怒和焦虑。精神分析表明，只有那些留着特定样式胡须的上司才会激怒他。这个患者的反应，被证明是他三岁时对父亲产生的反应的再现，那时，他父亲曾以一种恐吓的方式攻击过他的母亲。

第五章　神经症的基本结构

焦虑可以从实际冲突情境中得到完整的阐释。但是，如果我们在性格神经症中，发现了一种焦虑产生的情境，那么我们就不得不考虑之前存在的焦虑，以此来解释为什么特定的情境下会产生敌意并被压制。我们会发现，先前的焦虑反过来是由之前既已存在的敌意所导致，如此循环往复。为了理解整个发展过程最初是如何产生的，我们就必须要追溯到童年时期。[1]

我很少讨论童年经历的问题，这将是少数场合之一。与精神分析文献的常规做法相比，我较少谈及童年时代经历的原因，并不是我认为童年经验不像其他精神分析学家认为的那么重要；而是在于，本书中，我主要讨论的是神经症人格的实际结构问题，而不是导致神经症形成的个体经验。

在考察了许多神经症患者的童年史后，我发现，所有神经症患者的一个共同特征，就是处于这样一种环境中，该环

---

[1] 在这里，我并不打算触及心理治疗有必要向童年时代追溯多远这一问题。

境以不同的组合形式显示出以下特征：

缺少真诚的温暖和爱是最基本的邪恶品质。一个孩子可以在很大程度上忍受一般而言所谓的创伤，例如：突然断奶、偶尔的打骂、性体验等，只要他在内心深处感到自己是被需要和被爱的。不用说，孩子能敏锐地觉察到爱是否真诚，并不会被任何虚伪的表示所欺骗。一个孩子无法得到足够的温暖和爱的主要原因是，父母由于患有神经症而无法给予他爱和温暖。根据我的经验，最常见的情形是：从本质上来说，这种温暖的缺失被掩盖了，家长总是声称自己满心所想都是孩子的最佳利益。教育学理论告诉我们：一位母亲过度关注或是自我牺牲的"理想"是造成这一氛围的基本因素；与其他任何东西相比，这种氛围更能够为孩子未来强烈的不安全感埋下隐患。

而且，我们在父母身上发现了许多必然会引发子女敌意的态度或行为。例如：偏爱其他孩子，不公正的指责，在时而拒人于千里之外和时而过度溺爱之间毫无征兆地转变，没有兑现承诺等。而最为重要的是，对孩子需求的态度存在不同等级，从暂时的置之不理到不断干涉孩子最合理的需求。例如，干涉子女的友谊，对独立思考的嘲笑，破坏孩子所追求的兴趣，无论兴趣爱好是艺术上的、体育上的还是机械操作上的。总之，父母的态度，即便不是故意为之，其实际效果仍会摧毁孩子的意志。

在精神分析文献中，关于引发孩子敌意的因素，主要是强调儿童愿望受挫，尤其是在性领域的愿望挫折，和儿童嫉妒心理。很可能，儿童敌意的出现，部分原因在于我们文化中对一般快乐的严厉态度，尤其是对儿童性欲的禁止性文化，不论后者涉及的是性好奇、手淫还是与其他同伴的性游戏。但可以肯定的是，挫折并不是反叛性敌意的唯一原因。观察结果表明，毫无疑问，孩子像成人一样，如果觉得剥夺是公平、公正、必要或者是有目的的，他们就可以极大程度地接受挫折和剥夺。例如，只要父母没有在这方面施加过分的压力，不通过狡猾或残酷的方式强迫孩子，他们是不会介意接受有关清洁卫生方面的教育的。同样，孩子也不介意偶然的惩罚，只要他们从总体上感觉到自己是被爱的，惩罚是公平的，而不是有意伤害或是羞辱他。挫折是否能引起敌意，这个问题很难判断，因为在给孩子带来很多挫折的同一环境中，同时还存在其他足以引发敌意的因素。重要的是，强加于挫折之上的精神，而不是挫折本身。

我强调这一点的原因在于，通常我们会过分强调挫折的危险，这使得许多家长怀有这样一种观点，且比弗洛伊德走得更远，他们根本不敢对孩子进行任何干涉，唯恐孩子因此受到伤害。

显然，无论在儿童还是成年人身上，嫉妒都是可怕的仇恨的来源。不用怀疑，兄弟姐妹之间的嫉妒，以及对父母任何一方的嫉妒，都会在神经症儿童身上产生很大的影响，这一态度对其今后的生活也可能会产生持久的影响。但是，我们仍会问类似问题：是什么环境条件产生了这种嫉妒心理？存在于兄弟姐妹中的嫉妒，或是俄狄浦斯情结中所观察到的嫉妒反应，是不是必定会发生在每个孩子身上，抑或这只是由特定的条件所激发？

弗洛伊德对俄狄浦斯情结的观察是在神经症患者身上进行的，在这些神经症患者身上，他发现与父母任何一方有关的强烈嫉妒反应极具破坏性，且足以引发恐惧，并可能会对性格形成和个人人际关系产生持久的干扰性影响。由于从我们时代的神经症患者身上经常能够观察到这种现象，因此，他便假定这是一种普遍现象。他不仅认为俄狄浦斯情结是神经症的核心，还试图以此为基础去理解其他文化中的情结现象，但这一结论是值得怀疑的。在我们的文化中，兄弟姐妹之间、父母子女之间，确实很容易出现嫉妒，就像它们也很容易发生在每个密切生活在一起的群体中一样。但是，并没有证据表明，具有破坏性和持续性的嫉妒反应（当谈论俄狄浦斯情结或是亲缘竞争时，我们所想到的正是这些）在我们的文化中正如弗洛伊德所假设的那样常见，更不用说在其他文化中了。总体而言，这些嫉妒心理属于人类的反应，但却只能经由儿童成长之中的文化氛围，人为得以产生出来。

具体而言，哪些因素要为嫉妒的产生负责，我们在后面将会有所了解，那时会对神经症性嫉妒的一般内涵进行阐释，在这里，只要提及缺乏温暖和鼓励竞争会导致这一结果的产生，就已经足矣。除此之外，患有神经症的父母制造了我们之前讨论过的那种氛围，他们对自己的生活极为不满，通常没有令人满意的情感或性关系，因此倾向于将孩子作为他们爱的对象。他们将自己对爱的需求释放到孩子身上，他们爱的表达并不一定带有性色彩，但不管怎样，都具有高度的情感内涵。我很怀疑，在孩子和父母关系中暗涌的性欲，会强大到足以产生潜在的心理紊乱。无论如何，我所了解的所有病例，都是神经症父母通过温柔或威胁的方式，迫使孩子沉溺于充满情感的依恋之中，从而蒙上了弗洛伊德所描述过的占有欲和嫉妒心等全部情感内涵。[1]

我们习惯性地认为，对家庭或者家庭中的某些成员表现出敌意，对儿童的成长发育来说是不幸的。当然，如果孩子不得不与患有神经症的父母的行为进行抗争，这的确是不幸的。但是，如果这些反抗本身有充足的理由，那么对孩子性格形成的危险，就不在于对反抗的表达和感受，而在于对这种反抗的压抑。对批评、反抗或指责的压抑会产生许多危险，其中一种危险就是孩子很可能会将所有的责备都揽在自己身上，并且感到自己不值得被爱。我们在后面会对这一情况的种种内涵进行讨论，这里我们所关注的危险是：受压抑的敌意可能会产生焦虑，并开始之前我们讨论过的那种发展过程。

为什么在这种环境中长大的孩子会压抑自己的敌意？原因有很多，这些原因以不同的程度，通过不同的组合方式发挥作用，包括：无助感、恐惧、爱或罪恶感等。

儿童的无助感常常只被认为是生物学事实。尽管事实上，儿童在很长一段时间内要依赖于环境来满足需求，与成年人相比，他们体质不够强壮、经验不够丰富，但也用不着对这一问题的生理方面过度强调。两三岁之后，儿童的依赖性会发生决定性转变，从占主要地位的生物性依赖转变为心理、智力以及精神生活的依赖，这一过程将一直持续到儿童

---

[1] 总体来说，我的这些说辞不符合弗洛伊德关于俄狄浦斯情结的概念，我假设它并不是一种生物学的特定现象，而是受文化因素所制约的。已经有许多作者讨论过这一观点，例如：马林诺夫斯基、波姆、弗洛姆、赖希。因此，在这里我仅限于指出我们文化中那些可能产生俄狄浦斯情结的因素，例如：由于两性冲突而导致的婚姻不和谐，父母无限制的权威，严禁孩子有任何性发泄的禁忌；总将孩子当成婴儿并使其对父母有情感依赖，否则就将其孤立的心理倾向。

成熟至青春期，能够独立掌控自己的生活时为止。尽管在继续依赖父母的程度上，不同儿童之间存在着很大的个体差异，但这一切都取决于父母在教育子女过程中所希望达到什么样的目的：是倾向于让孩子变得强壮、勇敢、自立，能够应对各种情境，还是倾向于为孩子提供庇护，使他顺从、听话，对实际生活一无所知（或简而言之，使他直到20岁甚至更晚，都保持一种幼稚天真的状态）。在这种不良环境中成长起来的孩子，其无助感会通过恐吓、溺爱，或是出于情感依赖状态，而人为地得以强化。一个孩子越无助，他就越不敢去感受或表达反抗，这种反抗心理就会被迁延得越久。这种情况下，潜在的情感，或者孩子心中奉为格言的是：我不得不压抑我的敌意，因为我需要你。

威胁、禁令、惩罚以及孩子目睹的大发雷霆等暴力场景，都能够直接引发恐惧；间接的恐吓也能引发恐惧，例如，让孩子们对生活中的种种重大危险（细菌、马路上的车辆、陌生人、野孩子、爬树）留下深刻印象。孩子越是感到恐惧，就越不敢表达反抗甚至不敢去感受敌意。在这种情况下，孩子心中信奉的格言就是：我不得不压抑我的敌意，因为我害怕你。

爱可能是压抑敌意的另一个原因。当父母缺乏对孩子真正的爱时，父母通常在语言上会强调自己很爱孩子，如何为孩子牺牲，直到耗尽心血。一个处在这种环境中，特别是在其他方面不断受到恐吓的孩子，可能会紧紧抓住这种爱的替代物不放手，不敢表达任何反抗，唯恐会因此失去自己做乖孩子时所获得的奖励。在这种情况下，孩子心中信奉的格言是：我不得不压抑我的敌意，因为我怕失去爱。

　　迄今为止，我们讨论了种种孩子压抑对父母的敌意的情景，因为他担心，自己一旦表达了任何敌意，就会破坏他与父母之间的关系。他受这种恐惧的驱使，深恐这些强有力的巨人会抛弃他，会收回令人安心的仁慈转而攻击他。除此之外，在我们的文化中，孩子常常会被教育得因为任何敌对感或任何反抗表现，而感到愧疚。也就是说，孩子们已经被教育成这样：如果他们表达或者感受到了自己对父母的愤恨，或是违反了父母制定的规则，那么他就会觉得自己变得一文不值、无比可耻。产生罪恶感的两个原因是密切相关的，孩子越是被教育得因闯入禁区而感到罪恶，他就越不敢对父母怀有恨意或者指责。

　　在我们的文化中，性领域是最易于产生罪恶情感的领域。不论禁令是采用可以感受到的沉默方式，还是通过公开威胁和惩罚的方式表现出来，孩子们经常会感到：性好奇和性行为是被禁止的，而且如果他们沉溺于此，那么就是肮脏和卑劣的。如果出现任何涉及对父母一方的性幻想或性愿望，虽然它们由于一般的性禁忌态度而不能得以公开表达，也同样可能会引发孩子们的罪恶感。在这种情况下，孩子心中信奉的格言是：我不得不压抑敌意，因为如果我感受到敌意，我就是一个坏孩子。

　　以各种不同的方式进行组合以上所提及的因素，都会让孩子压抑自己的敌意并最终导致焦虑。

　　但是，每一种幼年期的焦虑都会最终导致一种神经症的产生吗？我们目前所拥有的知识尚不足以恰当地解答这一问题。我的观点是：幼年期焦虑是神经症形成的一个必要因素，但并不是导致其产生的充分条件。有利的环境，例如，及早改变不利环境或通过各种形式消除不利因素的影响，似乎都可能预防某种特定神经症的形成。但是，正如事实通常所发生的那样，如果生活环境并不能减少焦虑，那么焦虑不仅会持续下去，如同我们在后面会看到的那样，它还会持续增强，并推动所有足以构成神经症的内在进程。

在可能影响婴儿期焦虑进一步发展的众多因素中，其中一个是我要特别考虑的：焦虑和敌意的反应，是被局限在迫使孩子产生该反应的环境中，还是会发展成一种针对所有人的普遍性敌意和焦虑？这两者之间具有很大区别。

举例来说，如果一个孩子非常幸运，有一个慈爱的祖母，一位善解人意的老师，几个好朋友，那么，他与他们交往的经历，就会避免让他感到所有人都是坏人。但是，如果他在家庭中的处境越困难，他就越可能会形成不仅针对父母和其他兄弟姐妹的仇恨心理，而且对每个人都会形成怀疑和仇恨的态度。一个孩子越是与他人隔绝，越无法将他人的经验变为自身经验，就越可能往这方面发展。最终，一个孩子对自身家庭的怨恨掩盖的越多，例如通过顺从父母的态度来掩盖，他向外界投射的焦虑就越多，并因此认为整个世界都是危险、可怕的。

对外界的普遍焦虑也可能会逐渐发展和增长。在上述氛围中成长起来的孩子，在与其他孩子的交往过程中，不敢像他们一样有胆量或好斗。他会失去被人需要这种最令人幸福的自信心，甚至会将一个无害的玩笑看成是残忍的排斥、打击。与其他孩子相比，他更易于受到伤害，并缺乏自我保护能力。

由我上面提到的这些因素，或与之相似的因素所产生的状况，是一种在内心世界中不断增长且无处不在的孤独感，以及身处一个敌意世界中的无助感。对个人情境所做出的这种尖锐的个人反应，会固化为一种性格态度。这种态度本身并不构成神经症，但它却是合适的肥沃土壤，可以随时形成某种特定的神经症。由于这种态度在神经症中起着根本性的作用，因此，我为它取了一个特别的名字：基本焦虑。它与基本敌意交织在一起，不可分割。

在精神分析中，通过处理个体不同形式的焦虑，我们逐渐认识到这样一个事实：即基本焦虑是所有人际关系的基础。虽然，个体焦虑可能会由实际因素所激发，但即使实际情境中并不存在特殊刺激的情况下，基本焦虑仍会存在。如果将神经症的整体情形与一个国家不稳定的政治局势相比，基本焦虑和基本敌意就类似于对政治体制的潜在不满和抗议。在这两种情况下，可能看不到任何表面现象，或出现形式纷繁的表面现象。在一个国家中，它们可能表现为骚乱、罢工、集会、示威；同样，在心理领域，焦虑的形式可能会表现为各种症状。无论这种特殊刺激是什么，所有焦虑的表现形式都产生于相同的背景。

在单纯的情境神经症中，基本焦虑是不存在的。情境神经症是个体对现实冲突情境的神经症性反应，而这些个体的人际关系并未受到干扰。下面这个案例，也许可以作为这种情况的一个典型例子，在精神分析治疗实践中经常出现。

一位45岁的女性抱怨说，她在夜里总是心跳加速、焦虑紧张，还会伴有大量盗汗现象。她身上并未发现任何器质性病变，所有证据均表明她很健康。她给人的印象是一个非常热心且直爽的人。20年前，主要由于环境而非她本人的原因，她嫁给了一个比自己大25岁的男人。他们生活得很快乐，在性方面也能得到满足，还有三个养育得非常好的孩子。她很勤劳并将家务料理得井井有条。最近五六年来，她的丈夫脾气变得有些暴躁，性能力也大不如前，但她忍受了这些且没有任何神经症性反应。问题始于七个月之前，一位年龄与之相仿、可以托付终身且值得喜爱的男性开始向她献殷勤。结果，她对自己上了年纪的丈夫产生了怨恨，但是由于她整个心理和社会背景，以及基本上美满的婚姻关系等原因，她完全压抑了自己的怨恨。几次访谈后，她获得了一些帮助，能够正视这种冲突情景并摆脱了自己的焦虑。

　　没有什么比用性格神经症案例的个体反应与上述单纯的情境神经症比较，更能说明基本焦虑的重要性了。后者在健康人身上也会出现，由于某些可以理解的原因，他们无法有意识地解决一种冲突情景。也就是说，他们不能正视冲突的存在及其性质，因此无法做出明确的决定。这两类神经症之间的明显差异在于，情境神经症极易取得明显的疗效。在性格神经症中，治疗往往必须在极大的困难下进行，并要持续很长一段时间，有时候时间太长以至于患者无法等到治愈就会退出治疗；相比之下，情境神经症就相对容易治愈。对情境的一次理解性讨论，通常不仅是对症状，也是对病因的治疗。而在性格神经症治疗中，对病因的治疗要通过改变情境才能消除困扰。[1]

　　因此，在情境神经症中，我们形成了这样的印象，即冲突情境和神经症性反应之间，存在着恰当的关系；但在性格

---

[1] 在这些病例中，精神分析是不必要且不可取的。

神经症中，这种关系似乎并不存在。由于存在基本焦虑，即使是最轻微的刺激，也可能会引起最强烈的反应，这一点我们在后面的章节会进行详细讨论。

虽然焦虑外显形式的范围，以及为对抗焦虑而采用的防御措施的范围是无限宽广的，且在不同个体身上也是不尽相同的，但基本焦虑无论在任何地方都或多或少是相同的，只是在程度上有所不同。它可能会被简略地描述为一种感到渺小、无足轻重、无能为力、被抛弃、被胁迫的感觉，一种仿佛置身于一个对自己充满谩骂、欺骗、攻击、侮辱、背叛和嫉妒的世界中的感觉。我的一个病人，在她自发画出的一幅画中表达了这种感觉。在画中，她是一个弱小无助、赤身裸体的婴儿，坐在画面中央，周围都是正准备攻击她的各种张牙舞爪的怪物、人和动物。

在各种精神病患者身上，我们常常会发现：患者对这种焦虑的存在，有着高度的自觉意识。在偏执狂类病人身上，这种焦虑会限定在某一个或几个特定的对象身上；而在精神分裂症患者身上，则往往对周围环境中的潜在敌意，有着过于敏锐的感知，甚至敏锐到会将对他们的善意行为，也视为包含着潜在的敌意。

但是，在神经症中，患者对基本焦虑或基本敌意的存在，却极少有自觉意识，至少是没有意识到它在其整个生命过程中的重要性和意义。我的一个病人，她在梦中看到自己是一个小老鼠，为了避免被人踩到，而不得不藏在一个洞中——这正是对她实际生活的真实写照。然而，事实上，她一点也没有意识到她害怕任何人，而且她还告诉我，并不知道什么是焦虑。对所有人不信任的基本敌意，可能会被肤浅的信念所掩饰，即一般人都很可爱，这种肤浅的信念还可以和一种与他人表面敷衍的友好关系同时存在；对所有人极度蔑视的基本敌意，也可以借由随时称赞别人而加以掩盖。

尽管基本焦虑涉及的对象是人，但它也可以完全脱离其人格特征，并转变为一种受到暴风雨、政治事件、细菌、意外事件、变质食品威胁的感觉，或是转变为受命运摆布的感觉。一个训练有素的观察者识别这些态度的潜在基础并不困难，但要使神经症患者本人意识到他的焦虑，并不是真正针对细菌之类的事情，而是人，往往需要进行大量深入细致的精神分析工作；同时，他对他人的愤怒并不是，或者并不只是对现实刺激所做出的恰当且合理的反应，而是因为他已经从骨子里变得不信任并仇恨他人。

在阐述神经症患者基本焦虑的含义之前，我们有必要对许多读者心中可能早已存在的疑问进行讨论：这种针对他人的基本焦虑和基本敌意，被看作是神经症的基本组成因素，难道，它不是我们所有人都隐秘拥有，或许只是程度上较轻一些的正常态度吗？在讨论这个问题时，必须区分两种观点。

如果"正常"一词是用来描述一种普遍的人类态度，那么我们可以说，在德国哲学和宗教用语里所称的"生之苦恼"（Angst der Kreatur）中，基本焦虑是一种正常的推论。这句话所要表达的是：面对比自己更强大的力量时，例如在死亡、疾病、衰老、自然灾害、政治事件、意外事故面前，我们事实上都会感到很无助。我们第一次认识到这点是在童年的无助中，然而这一认识还会伴随我们的整个人生历程。这种"生之苦恼"与基本焦虑一样，蕴含着我们在面对更强大力量时的无助感，但却并不认为这些力量中含有敌意。

但是，如果"正常"一词从对我们文化而言来说是正常的这个意义上来使用的话，那我们就可以进一步说：在我们的文化中，只要一个人的生活缺乏足够的保障，则个体成熟时的一般经验，会变得对他人更有所保留，更善于提防别人，更明白通俗而言，事实上人们的行为并不是直截了当的，而是由怯懦和随机应变心理所支配。如果他是一个诚实的人，会将自己也包含在内；如果他不是，就会在其他人身上更清楚地看到这些。简单来说，他形成了一种与基本焦虑类似的态度。但是，仍存在一些区别：健康成熟的人不会对这些人类的缺陷感到无助，在他身上不存在基本的神经症态度中存在的那种不分青红皂白的倾向，他仍能给某些人以真诚的友谊和信任。也许，这种差异可以由以下事实来解释：健康之人所遭遇的大量不幸经验，发生在他能够对这些不幸经验进行整合的年岁；而神经症患者是在他无法掌控这些不幸经验的年岁，遭遇了这些，因而便因彻底的无助而产生了焦虑反应。

基本焦虑在人对自己和他人的态度中，有着特定的含义。它意味着情感上的孤立，如果同时伴随着自我的内在软弱感，则这种孤立感就更加令人难以忍受，它还意味着自信心的基础被削弱。它埋下了潜在冲突的种子，一方面神经症患者渴望依赖他人，另一方面由于对他人的不信任和敌意，他又无法这样做。这意味着由于内在的软弱感，个体有一种将所有责任都放在其他人肩上的愿望，有一种想要受到保护和照顾的愿望；然而，由于基本敌意的存在，他不太信任他人，以至于无法实现这一愿望。因此，不可避免的结果是，他不得不将绝大部分精力放在寻求安全保障上。

焦虑越是难以忍受，保护手段就需要越彻底。在我们的文化中，人们用来保护自己不受基本焦虑困扰的方式主要有四种：爱、顺从、权力、退缩。

第一种，任何形式的爱，都可以成为对抗焦虑的强有力的保护手段。基本思路是：如果你爱我，你就不会伤害我。

第二种，根据其是否服从特定的个体或制度，可以对顺从粗略地做进一步划分。例如，在对标准化的传统观念的顺从中，在对某些宗教仪式或权威人物的服从中，就存在着这样一种顺从焦点。此时，遵守规则和顺从需求是个体所有行为的决定性动机。这种态度可能会以一种不得不"听命"的形式表现出来，虽然"听命"的内容会随着其所遵守的要求或规则的不同而不同。

当这种顺从的态度不与任何制度或个人相关时，它就会以一种更为一般化的形式表现出来，表现为顺从所有人的潜在愿望，避免一切可能会引发敌意的事情。在这种情况下，个体可能压抑了所有的自身需求，压抑了对他人的批评，宁愿自己遭受侮辱而不还击，并随时准备不加选择地为所有人提供帮助。偶尔，人们也会意识到焦虑潜藏于其行为背后，但是大多数时候他们都意识不到这一点，并且还坚信这样做是出于一种大公无私或自我牺牲的理想，这种理想如此崇高，以至于他们完全放弃了自身的愿望。不论顺从采取的是特定形式还是一般形式，其基本思路是：如果我屈服，就不会受到伤害。

这种顺从态度同样也可以服务于借爱来获得安全感的目的。如果爱对个体来说非常重要，以至于他生命中的安全感全部依赖于此，那么，他为此会愿意付出任何代价，而这意味着要遵从他人的意愿。但是，通常而言，人无法对任何爱产生信任，因此，他的顺从态度并不是为了赢得爱，而是为了赢得保护。有些人，他们只有通过彻底的顺从，才能获得安全感。在他们身上，焦虑是如此强大，对爱的怀疑也是如此彻底，以至于爱的可能性完全被拒之门外。

　　第三种试图保护自己对抗基本焦虑的方式是通过权力，即通过获得实际的权力、成就、财富、崇拜或智力上的优势来赢得安全感。在这种获得保护的尝试中，其基本思路是：如果我有权力，就没有人可以伤害我。

　　第四种方式是退缩。前三种防护机制都有一个共同点，即愿意与外界角逐，以这种或那种方式来与之周旋。然而，这种自我保护也可以采取不与外界发生联系的方式来获取。这并不意味着要遁入荒漠或是与世隔绝，而是指当他人对自己的外部或内部需求产生影响时，能够独立且不依赖他人。通过诸如囤积财富的方式，就可以实现对外部需求的独立性。这种占有动机与为了获取权力或是影响力的动机完全不同，而且对占有物的使用也完全不同。通常情况下，为了外部独立而囤积占有物时，个体会非常焦虑，而无法使用它们；这些占有物被个体以一种极其吝啬的态度看护，因为占有的唯一目的是用来预防不测。另一种服务于同一目的——使自己外部独立的方式是，将个人需求减少到最低程度。

　　内部需求的独立，可表现为试图从情感联系上与他人相脱离，以便自己不会因为任何事情而受到伤害或感到失望，这意味着要扼杀一个人的情感需求。其表现方式之一，就是对任何事情都满不在乎，包括对自己也是如此。这种态度经常会出现在知识界，不把自己当回事并不是说认为自己无足轻重，事实上，这两种态度很可能是相互矛盾的。

这些退缩手段与顺从或屈服的策略有着一个共同之处，它们都包含着对自身意愿的放弃。但是，在后一类型中，放弃自身愿望是为了"听命"或顺从他人的愿望，以便能够获得安全感；而在前一种类型中，"听命"的想法根本不存在，放弃自己的意愿是为了独立于其他人。这里的思路是：如果我退缩，就没有什么能伤害我。

为了正确评估神经患者用来对抗基本焦虑以获得保护的方式所起的作用，我们必须对它们潜在的强度有所认识。它们并不是由一种满足享乐或是追求幸福的本能所驱动，而是由一种希望获得安全感的需要所推动。但这并不是说，它们无论如何也不像本能驱力那样强大且不可抗拒。经验表明：对某种野心的追求所产生的影响，可能与性冲动一样强烈，甚至更加强大。

只要生活情境允许这样做且不会产生任何冲突，那么片面且单独地采用这四种方式中的任何一种，都可能会有效地给人带来其所需要的安全感。但是这种片面的追求，通常要付出沉重的代价——造成整个人格的萎缩。例如，在一个要求女性服从家庭或丈夫，遵从传统规范的文化中，一个采取顺从方式的女人，可能会获得安宁和满足许多次级需要。再比如，一个一心想要攫取财富和权力的帝王，其结果也同样是能让自己获得最大的安全感和成功的人生。然而，事实上，对一个目标过于直接的追求可能导致这个目标根本无法实现，因为它所提出的要求如此过分且考虑不周，就会与周围环境发生冲突。更常见的是：人们常常并不是仅通过一种方式，而是同时通过几种互不相容的方式，来从一种巨大的潜在焦虑中获得安全感。因此，神经症患者也可能被自己内心种种强迫性需求所推动，一方面希望统治所有人，另一方面又希望被所有人所爱；一方面顺从他人，另一方面又要将自己的意愿强加于人；一方面与他人疏远分离，另一方面又渴望得到他们的爱。这些完全不能得以解决的冲突，构成了神经症最常见的动力核心。

最常发生冲突的两种尝试，是对爱的追求和对权力的追求。因此，在接下来的章节中，我将详细探讨这两种方式。

从原则上来讲，我描述的神经症结构与弗洛伊德理论并不冲突。弗洛伊德认为，大体来说，神经症是本能冲动与社会要求（或社会要求在"超我"中的体现）之间相互冲突的结果。但是，尽管我赞同个人需求和社会压抑之间的冲突，是每种神经症不可或缺的条件之一，但我不认为这是一个充分条件。个人欲望与社会要求之间的冲突并不必然导致神经症，但却会导致事实上的人生限制，导致对种种欲望的简单压制或压抑，或者用更通俗的话来说，即导致事实上的痛苦。只有当冲突产生焦虑，且试图减轻焦虑的努力反过来又导致种种尽管同样不可抗拒却彼此互不相容的防御倾向时，神经症才会产生。

第六章　对爱的病态需求

　　毋庸置疑，在我们的文化中，这四种保护自己免受焦虑困扰的方式，在大多数人的生活中都起着决定性作用。对有些人而言，获得爱和被认同是最重要的，他们会想尽一切办法来让自己的这一需求得以满足。有些人的行事特点，就是倾向于顺从、屈服，去除任何自我肯定的措施。有些人的全部追求就是获得成功、权力或财富，还有些人倾向于将自己封闭起来，并独立于其他人。但是，人们可能会提出这样一个问题：即我认为这些努力体现了一种为对抗基本焦虑而采取的保护措施，这种观点是否正确？难道它们不是特定的人在正常范围内可能出现的一种本能表现吗？这一错误在于，它采用了一种非此即彼的形式来提出问题。事实上，这两种观点既不矛盾也不相互排斥。爱的渴求，顺从的倾向，对影响力或成功的追求，以及退缩倾向，在我们每个人身上以不同的组合方式呈现，而没有任何神经症的征象。

　　此外，这些倾向中的这种或那种，在特定文化中，可能会成为占主导地位的态度或倾向。事实再一次证明：这些倾向完全可能是人类正常的潜力。正如玛格丽特·米德（Margaret Mead）所描述的，在阿拉佩西文化（Arapesh culture）中，对爱、母爱的态度以及顺从他人愿望，是占主导地位的态度；就像鲁斯·本尼迪克特（Ruth Benedict）所指出的那样，在夸基乌特尔人（Kwakiutl）中，以残酷的方式来获得声望是一种被认可的方式；在信奉佛教的文化中，出世或退缩则是一种主要的心理倾向。

我的观点并不是要否认这些内驱力的正常特性，而是为了指出，所有这些内驱力都能为对抗某种形式的焦虑提供保障服务。而且，通过获取保护性机能，他们改变了自身的特性，并变成了完全不同的东西。我可以借用类比的方式来把这种差异解释清楚，我们可能会因为想要检验自己的体能和技术，想要从高处鸟瞰风景，而去爬树，或者我们爬树是因为被某种野兽所追赶。在两种情况下，我们都爬上了树，但爬树的动机却完全不同。第一种情况下，我们爬树是为了获得快乐；而在第二种情形下，我们则是受到恐惧驱使，出于安全需要而不得不这样做。在第一种情况下，我们可以自由选择是否爬树，在另一种情况下，我们却因为一种紧急的需要而被迫这样做。在第一种情况下，我们可以选择最符合我们意图的树，而在第二种情况下，我们别无选择，必须爬上最近的树，而且它甚至可以不必是一棵树，而只是一根旗杆或一栋房子，只要它能满足保护自己的目的即可。

不同的驱动力会导致不同的感觉和行为。如果我们的行为受到任何一种直接的、希望获得满足的愿望所驱使，那么我们的态度中就会包含自发性与选择性。但是，如果我们受到焦虑的驱使，那么我们的感觉和行动就会具有强制性和不加选择性。当然，其中存在着许多过渡阶段。在一些本能驱动中，例如饥饿和性欲，在很大程度上是源自匮乏的生理紧张所产生，生理紧张会积累到这样一种程度，以至于获得满足的方式在一定程度上具有强制性和不加选择性，而这些特征在正常情形下，本来是由焦虑决定的内驱力所具备的特征。

此外，在获得的满足中也存在差异——用一般的话来说，即获得快乐和获得安全感之间的差异。[1]但是，这一区别并不像最初看起来那么鲜明。本能驱力（如饥饿和性欲）所获得的满足是快乐的，但是如果生理紧张一直被压抑，其获得的满足就会近似从焦虑缓解中所获得的满足。在这两种情况下，都存在着一种从无法忍受的紧张中摆脱出来而获得的宽慰感。在强度上，快乐和安全感可能会同样强烈。性满足，尽管种类不同，却可能同个体突然从强烈的焦虑中解脱出来的感觉一样强烈。通常而言，对安全感的追求，不仅可能同本能驱力一样强烈，而且还可能产生同样强烈的满足。

正如我们在前一章所讨论过的那样，对安全感的追求，同样也包含着其他次要的满足。例如，除了获得安全感之外，被爱或被人赞赏的感觉，获得成功或具有影响力的感觉，也可以同时获得极大的满足感。此外，正如我们马上就要看到的，获取安全感的众多途径，可以使得被积郁的敌意得以发泄，从而提供了另一种缓解紧张的感觉。

我们已经发现，焦虑可能是某些驱力背后的驱力，而且我们已经大致考察了由此产生的几种最重要的驱力。现在，

[1] 哈克·斯塔克·沙利文在《关于社会科学研究中精神病内涵的札记：人际关系研究》一文中已经指出，对满足和安全的追求体现了调解人生的一条基本原理。

我将进一步详细讨论其中两种驱力。事实上，它们在神经症中发挥着最大的作用，即：渴望爱和对权力与控制的渴求。

对爱的渴求在神经症患者身上很常见，训练有素的观察者很容易识别出这种渴望，以至于可以将其视为认定焦虑存在以及反映其程度深浅的最可信的指征之一。实际上，如果个体对一个总是充满威胁和敌意的外部环境，从根本上感到无助，那么，对爱的追求就会被视为最合乎逻辑且最直接的寻求仁爱、帮助或赞赏的方式。

如果神经症患者内在的心理状态就是他心中常想的那样，那么，他要得到爱就是一件非常容易的事。若要我将其模糊感觉到的东西用语言表达出来，那他的感受很可能是这样的：他想要的是如此微乎其微，仅仅是希望其他人对他能够友好，给他以善意的建议，赏识和理解他这样一个可怜、无害、孤独的灵魂；只不过是急切地想要给人以快乐，急切地希望不伤害任何人的情感，这就是神经症患者所看到和感受到的一切。他并没有意识到自己是多么敏感，他潜藏的敌意和苛刻的要求对自己与他人的关系造成了困扰；他也无法正确判断他给别人留下的印象，以及他人对自己做出的反应是什么样的。因此，他自然困惑不解，为什么自己的友谊、婚姻、爱情和工作关系总是这么令人不满。他很可能会认为这都是其他人的错，认为他们不顾及别人的感受、不忠诚、不道德，或者出于深不可测的原因，认为自己缺乏成为受人欢迎的天赋，因此，他会不断追求爱的幻象。

如果读者还能记起我们曾讨论过焦虑是如何由压抑的敌意产生，以及它又是怎样反过来产生敌意，换而言之，焦虑和敌意是如何不可分割地紧密交织在一起，那么就不难认识到神经症患者思维中的自我欺骗，以及其遭受失败的原因。神经症患者毫不自知地陷入了这样一种既无力去爱，又极其渴望得到他人之爱的困境中。在这里，我们不得不停下来回答一个看似简单却又难以回答的问题：什么是爱？或者说，在我们的文化中，我们所说的爱是什么意思？有时，我们会听到一个关于爱的很随意的定义，即爱是给予和获得感情的能力。虽然，这个定义中包含了一些事实，但它过于笼统，无法帮助我们澄清所遇到的困难。大多数人可能在某些时候都会满怀爱意，但仍可能具有无法去爱的特质。因此，最需要考虑的就是爱流露出的态度：是对其他人的一种最基本的肯定态度？或者，是出于害怕失去对方的恐惧，还是想让他人处于自己控制之下的念头？换而言之，我们不能将显现出的任何一种态度都作为判断爱的标准。

　　虽然，想要讲清楚什么是爱非常困难，但我们可以明确地说什么不是爱，或者哪些因素是与爱背道而驰的。一个人可能会死心塌地地喜欢另一个人，但即使这样，有时候还是会对他发火，不答应他的某些要求，或是希望自己能独处一段时间，但这种有外界原因的愤怒和退缩态度与神经症患者的态度完全不同。神经症患者总是提防着别人，认为其他人对第三者所表现出的好感就是对自己的忽视，并将其他人的任何要求解读为一种强迫，将他人的任何批评都视为羞辱。当然，这并不是爱。爱是允许对别人的某种性格或态度提出建设性的批评，从而（如果可能的话）对他人有所裨益；但是对他人提出一种令人无法忍受的，指望他人尽善尽美的要求，也并不是爱。正如神经症患者经常表现的那样，这种要求中包含着一种敌意：“如果你不完美，那就滚蛋吧！”

如果我们发现，一个人仅仅将另一个人当作实现某种目的的手段，也就是说，仅仅或主要因为对方能够满足自己的某些需要而利用对方，我们也会认为，这与我们关于爱的观念是相悖的。在一些情况中这点表现得非常明显，仅仅为了性满足而需要对方，或是，在婚姻中仅仅为了获得声望而需要对方。但是在这里，我们也很容易将问题搅在一起而弄得模糊不清，特别是当这些需要具有一种心理性质时就更是如此。举例来说，一个人可能会欺骗自己，相信自己是爱对方的，而事实是他仅仅出于一种盲目崇拜而需要对方。然而，在这种情形中，对方很可能会被突然抛弃，甚至可能转而遭到仇恨：一旦那个爱他的人开始感到不满，并因此失去了对他的崇敬——他之所以被爱正是由于这种崇敬。

在讨论什么是爱、什么不是爱时，我们务必要提高警惕，不可粗枝大叶、矫枉过正。虽然，爱不是为了获得某些满足而利用爱自己的人，但这并不是说，爱必须是完全利他和富有牺牲精神的，那种不需要对方为自己付出任何东西的感情也不值得被称作爱。表现出此类信念的人，实际上恰恰暴露了他们自己不愿意给他人以爱，而不是表现出他们对此有一种深思熟虑的信念。我们当然希望从自己所爱的人那里得到某些东西——我们希望得到满足、忠诚和帮助；在需要的时候，我们甚至会希望对方能做出牺牲。一般来说，心理健康的一个指征是，能够表达这些愿望，并为了实现这些愿望而做出努力。爱和对爱的神经症性需求的区别就在于这样一个事实：对真正的爱而言，爱的情感是首要的；而对神经症患者而言，首要的是获得安全感，爱的幻觉是次要的。当然，在这两者之间还存在着各种中间过渡状态。

若一个人对另一个人爱的需求是为了获得对抗焦虑的安全感，那么这个问题在他的意识中就会模糊不清。因为，通常来说，他并不知道自己内心充满焦虑，也不知道自己因此而拼命想要抓住任何一种爱以获得安全感。他所能感受到的仅仅是：他喜欢或是信任这个人，又或者他深深地迷恋着对方。但是，这种他自认为发自内心的爱，可能只是因为其他人对他表达了某种善意而产生的感激，或是由某个人或某种情境所唤起的一种希望或温情。那个或明或暗地唤起某种希望的人，不知不觉地被赋予了某种重要性，而他的情感则会表现为对那个人爱的错觉。这些期望由一个简单的事实所引发，如，一个很有权力和影响力的人对他表现得很友善，或者一个一眼看上去就显得足以提供安全感且坚强有力的人对他表现出亲切友善。这些预期还可能由爱欲或性欲的高涨所唤起，尽管这些可能与爱毫无关系。最后，某些既存关系也可能会滋养这些预期，只要这些关系中暗含着一种给予帮助或是情感支持的承诺，如与家庭、朋友、医生的关系等。很多这样的关系都维持在爱的幌子下，也就是说，维持在一种对依恋的主观信念之下。实际上，这种爱只是一个人为了满足自身需求而紧紧抓住对方不放。这并不是真正可靠的爱情，一旦自己的愿望得不到满足，就会随时将爱抽回。我们爱情观的一个本质因素——情感的可靠性和稳定性，在这些情况下根本不存在。

我已经含蓄地指出了无力去爱的根本特征，但我还要特别强调一下：这就是对对方人格、个性、局限、需求、愿望以及发展的忽视。这种忽视在某种程度上是焦虑的结果，正是这种焦虑促使神经症患者去紧紧地依附另一个人。溺水者一旦抓住一个游泳者，通常不会考虑其是否愿意或是有能力救他上岸。在某种程度上，这种漠视也是对他人基本敌意的表达，最常见的内涵就是嫉妒和蔑视。它可能会被不顾一切地想要体贴对方，甚至为对方做出牺牲的态度所掩盖，但通常而言，这样做并不能阻止某些异常的反应出现。例如，一个妻子可能会主观上相信自己深爱着自己的丈夫，但当她丈夫埋头于工作、专心于兴趣或招待自己的朋友时，她就会感到不满，并心生抱怨，感到闷闷不乐。一位过度操心的母亲会相信，为了孩子的幸福，她愿意付出一切，但她从根本上忽视了孩子独立发展的需求。

那些将对爱的追求作为保护手段的神经症患者，很难意识到自己缺乏爱的能力。他们中的大多数人都会错误地认为自己对别人的需要是一种爱，不论是对个体还是对全人类，都是如此。他们有一个迫切的理由来捍卫这一错觉，如果不这样做，情感上的困境就会被马上揭露，即自己一方面对他人存在基本敌意，但另一方面又希望从其他人那里获得爱。我们不可能一方面轻视一个人，不信任他，想要毁掉其幸福和独立性，但同时又希望从对方那里获得爱、帮助和支持。为了同时实现这两个互不相容的目的，个体不得不将敌意倾向严格地控制在意识的大门之外。换而言之，这种爱的错觉，虽然一方面是出于可以理解的混淆了真正的爱与对他人的需要的缘故，另一方面却具有使爱的追求成为可能的特定功能。

神经症患者在满足自己对爱的饥渴时会遇到另一个基本障碍。虽然，神经症患者能成功的，至少是暂时性的，获得他想要的爱，但他很可能无法真正接受这种爱。我们原本可能期望看到，他接受和欢迎所有给予其的情感，就像久渴思饮者那样。事实上，这种情况虽然发生了，但却非常短暂。每个医生都知道，和蔼可亲，关心体谅病人会有什么样的作用：即使没有进行任何治疗，但只要给他进行护理和彻底检查，他身上所有的身心问题就可能会突然消失。情境神经症患者，尽管病情非常严重，但当其感受到自己是被爱着的时候，所有症状也可能会突然消失，伊丽莎白·巴瑞特·布朗宁就是这种情形的著名例证。即使是性格神经症患者，类似的关注——不论它是爱、兴趣或是医疗护理，都足以缓解焦虑，并改善患者的状况。

任何一种爱都足以给神经症患者一种表面上的安全感，甚至能让他产生一种幸福感。但在内心深处，他并不相信这种爱，或是引发了怀疑与恐惧。神经症患者不相信这种爱，因为他始终坚信，没有人会爱他。这种不会被爱的感觉通常是一种有意识的信念，任何与之相反的经验都不能动摇这一信念。事实上，神经症患者可能会认为这种信念是理所当然的，所以并不会反映在人的意识里；但即使这一信念并未被表达出来，它也经常会像被自觉意识到时那样，是一种不可动摇的信念。有时，这种信念会被一种"无所谓"的态度所掩饰，表现为一种傲慢，这样就很难被人发现。这种不被人爱的信念，与无力去爱非常相似；事实上，这种信念正是无力去爱的状态的意识反映。显然，一个能够真心喜欢别人的人，从不会怀疑别人是否爱自己。

如果这种焦虑确实根深蒂固，那么，任何给予他的爱都会受到质疑，而且立刻会被看作是别有用心的做法。例如，在精神分析中，这样的患者会认为，分析师帮助他们只是为了实现分析师自己的野心；只是出于治疗的目的，分析师才给予他们赞赏或鼓励。我的一位病人，就将我在她情绪极不稳定的时候提出周末去看她的建议，视为一种正面的羞辱。公开表达爱，很容易被当作是一种奚落。如果一个极具吸引力的女孩对一个患有神经症的男性公开示爱，那么，这位神经症患者很可能认为这是一种取笑，甚至是一种别有用心的挑衅，因为他完全无法想象，这样的女孩会真的爱自己。

对这样的人表达爱不仅会引发怀疑，还可能会激起正向焦虑。这就如同，屈服于一种爱就意味着被困在了罗网中而不可自拔；或者，信任一种爱意味着生活在食人族中，却解除了自己的武装。当神经症患者开始意识到有人在给他真正的爱时，他会产生极大的恐惧感。

最后，爱的证实还可能会引发对依赖的恐惧。很快我们就会发现，情感依赖对那些离开他人的爱就无法生活的人而言，是实实在在的危险。任何与它有细微相似的其他事物，都会激起他不顾一切的反抗。这样的人会不惜一切代价避免自己产生正面的情感反应，因为这种反应会立即导致依赖他人而失去自主性的危险。为了避免产生这种危险，他会蒙蔽自己，不让自己意识到他人确实是友善的和乐于助人的，并想方设法地摒弃一切爱的证据，坚信他人是不友好的、不关心人的，甚至是心怀恶意的。这种方式产生出的情境，与另一种情境非常相似：一个人因饥饿而急需食物，一旦获得了食物，却因害怕食物有毒而不敢吃。

因此，简而言之，对于一个受基本焦虑驱使并将寻求爱作为一种保护措施的人而言，获得这种渴求的爱的机会不是什么好事。正是这种产生需要的情境，阻碍了需求的满足。

第七章　再论对爱的病态需求

我们大多数人都希望被他人喜欢，都能愉快地享受自己被喜欢的感觉，如果不被他人喜欢，我们就会产生怨恨感。对儿童来说，被需要的感觉，正如我所提到过的，对他的和谐发展起着至关重要的作用。但是，什么样的特性，会使得人对爱的需要成为一种神经症性需求呢？

我认为，武断地将这种需求称为幼稚需求，不仅错怪了儿童，同时还忘记了：构成爱的神经症性需求的基本因素，与幼稚行为完全没有关系。幼稚需求和神经症性的需求只有一个共同要素那就是无助感，但这两种情况产生的基础是不同的。除了这一点，神经症性需求是在完全不同的先决条件下形成的。需要再次强调，这些先决条件是：焦虑、不被人爱的感受、不能相信爱以及针对所有人的敌意。

因此，在对爱的神经症性需求中，第一个引起我们注意的特征就是其强迫性。只要个体受到强烈的焦虑所驱使，其结果必然是丧失自发性和灵活性。简单来说就是，对神经症患者而言，获得爱并不是一种奢求，也不是额外力量或快乐的来源，而是一种关乎生存性的基本需要。这其中的区别就好像是"我希望被爱，并享受被爱的感受"和"我必须被爱，为此我不惜一切代价"之间的区别。或者，这两种人的区别在于：有人吃东西是因为有很好的胃口，能够享受食物带给他的快乐并有选择性地享用食物；而另一种人吃东西，是因为他快要饿死了，这时，他对食物的选择是不加区分且不计代价的。

　　这样的态度必然会导致高估"被喜欢"的实际意义。实际上，让所有人都喜欢我们并不是那么重要。事实上，只让某些人喜欢我们，例如那些我们关心的人，必须同他们生活或工作在一起的人，又或者说那些我们希望给他留下好印象的人，才非常重要。除了这些人，其他人是不是喜欢我们，通常而言并不重要。[1]但是，神经症患者他们感受和行动的目的就如同：他们的存在、幸福和安全都取决于其是否被他人所喜爱似的。

　　他们不加区分地将自己的需求附着于任何人身上，从发型师、聚会上认识的陌生人，直到他们的同事、朋友，所有男人或女人。因此，一个简单的问候，来电或是邀请，态度是十分热情还是有些冷漠，都可能会改变他的心情，甚至会改变他们对生活的全部看法。我要提出一个与此相关的问题：即他们无法独处，有的可能因为独处而产生轻微的不安情绪，有的则可能因为独处而产生强烈的恐惧和不安。在这里，我所说的并不是那些本来就对任何事都提不起兴趣，

---

　　[1] 这一说法在美国可能会遭到反对，因为在美国，文化因素已渗透到实际生活中，受公众喜爱已经成为具有竞争力的目标之一，因而它具有在其他国家中所不具有的意义。

只要一人独处就觉得百无聊赖的人，而是那些足智多谋、精力充沛，能够独自充分享受生活的人。例如，我们经常见到这样一些人，他们只有在身边有人的情况下才能工作，如果他们不得不独自工作，那么他们就会感到不安和不悦。对于陪伴的需求可能还包含着其他因素，但通常我们看到的景象是一种模糊的焦虑，体现着对爱的需要，或更确切地说，是对人际接触的需要。他们有一种在人世间漂泊无依的感觉，任何人跟他的一点接触对他而言都是一种安慰。有时我们会观察到，如在实验中，无法独处的状态随着焦虑的增加而加剧。有些患者，只要感到置身于自己为自己建造的保护墙后，他们就能够独处。但是，一旦他们为自己设置的保护机制在分析过程中被有效地识破，焦虑就会被激发，他们就会突然发现自己再也不能独处了。在精神分析过程中，患者状况中的这种过渡性损伤是不可避免的。

对爱的神经症性需求可能会集中在某个特定对象身上，比如，丈夫、妻子、医生、朋友。如果情况如此，那么，这个特定对象的忠诚、关怀、友谊，甚至仅仅是这个人在场，对他而言都是无比重要的。然而，这种重要性却有一个看似矛盾的特征。一方面，神经症患者寻求对方的兴趣以及存在，害怕不被喜欢，如果对方不在就会感到被忽视；另一方面，当神经症患者与他偶像在一起时，却一点也不开心。如果他能意识到这种矛盾，他就会常常对此感到困惑。但是，按我所谈到的内容，很显然，希望他人在场的心愿并不是真正的爱，而是仅仅出于一种对安全感的需要（当然，因为真正的爱和对可靠情感的需要而追求爱，这两种情感可能会同时产生，但它们却不一定相互吻合）。

这种对爱的渴望可能会限定在某些群体范围内，可能局限于具有相同兴趣和共同利益的人当中。例如：政治或宗教团体，或者局限在某一性别的人身上。如果对安全感的需求局限于异性，那么，表面看来，这种情况似乎是"正常"的，相关当事人也会辩解说这是"常态"。举例来说，对有些女性而言，如果她们身边没有异性环绕，就会感到痛苦和焦虑，她们就会开始一段恋情，短时间内又会结束这段恋情，使自己再次陷入痛苦和焦虑情绪之中。于是，又一段新的恋情开始，如此周而复始。事实证明，这并不是对恋爱关系的真实渴望，因为这段关系充满冲突和不满。相反，这些女人对男性不加选择，她们只希望身边有一个男人，并不是真的喜欢他们中的哪一个。通常而言，她们甚至不能得到生理方面的满足。当然，在现实中，整个情境要复杂得多，我只不过是对其中焦虑和爱的需求所发挥的作用这部分内容进行强调而已。

在男性中也能发现相同的情形，他们有希望被所有女性喜欢的强迫性心理，一旦与其他男性在一起，就会感到非常不舒服。

如果对爱的需求集中在同一性别的人身上，那么这就可能会成为潜在的或明显的同性恋的决定性因素。如果通向异性的道路由于过度焦虑而受到阻塞，那么这种对爱的需求就可能会转向同性对象。更不用说，这种焦虑并不一定会表现出来，而可能会隐藏于对异性的厌恶或不感兴趣这些情绪背后。

因为对神经症患者而言，获得爱是如此重要，所以，他们会不惜一切代价追求爱，而且大部分神经症患者并不能意识到这点。最常见的付出代价的方式就是，对他人的顺从态度和情感上的依恋。顺从态度，常常以不敢反对他人意见或是批评他人这种方式表现出来，只会对他人表示忠诚、赞赏和温顺。这类人如果允许自己发表批评性或者贬损性意见，即使他的言论不具有任何伤害性，也会感到焦虑不安。这种顺从态度可能会走向极端，神经症患者不仅会抑制自身具有的攻击性冲动，也会遏制所有自我肯定的倾向。他会任由他人辱骂自己，做出牺牲，而不管这种牺牲对自己多么有害。例如，他的自我牺牲可能会表现为一种希望自己患上糖尿病的愿望，仅仅因为他想要获得爱的那个人对糖尿病研究感兴趣，那么患有这种病就能引起对方对自己的兴趣。

与顺从态度相似并紧密交织在一起的就是情感依赖，这种情感依赖源于神经症患者的一种需要，即总想紧紧依附于某个能提供保护性承诺的人。这种情感上的依赖，不仅会给个体带来无尽的痛苦，甚至会全面性地毁灭一个人。例如，在一种人际关系中，个体非常无助的依赖于另一个人，即使他完全清楚这种关系是难以维系的。如果他不能从其他人那里获得一句亲切的话语或者微笑，那么他就会感到世界完全崩溃了；如果他期待的一个电话久等不来，他就可能会产生焦虑；如果其他人没有来看望他，他就会感到万分凄凉。尽管如此，他仍无法摆脱这种关系。

事实上，这种情感依赖的结构非常复杂。在一个人依赖于另一个人的关系中，总是会充满着大量的怨恨。具有依赖性的一方总是怨恨对方奴役自己，怨恨自己不得不顺从对方，但由于害怕失去对方，他还是会继续这样做。他不知道是自己的焦虑造成了目前的状况，因此，很容易认为，自己被征服的状态是由其他人强加在他身上的。以此为基础产生的怨恨必须被压制，因为他迫切需要得到他人的爱，而这种压制反过来又会促进新的焦虑出现，随之而来的是对安全感的需求，从而强化了依赖他人的冲动。这样一来，对某些神经症患者而言，其情感依赖产生了担心自己生活被毁掉，这样一种真实甚至合理的恐惧。当恐惧感变得非常强烈时，他们就可能会为保护自己而脱离这种依恋，以此来对抗这种情感上的依赖。

有时，对同一个人的依赖态度也会有所转变。在经历过一次或几次这种痛苦之后，对那些与依赖即使只有细微相似性的态度，他们也可能会盲目抗拒。例如，一个女孩，有过几次恋爱经历，每次恋爱失败都是源于对对方的极度依赖。最后，她会对所有男性产生一种分离的态度，只希望将对方置于自己的掌控之下，而不付出任何真实感情。

这一点也明显地表现在神经症患者对精神分析医生的态度上。利用分析治疗的时间来获得对于自己的认知和理解，这本来是符合患者利益的事情，但患者经常忽视自己的利益而试图去取悦医生，以赢得其注意或赞赏。尽管，他有充分的理由希望能够尽快结束治疗——在分析治疗过程中，他经受了很多痛苦或者做出了巨大的牺牲，又或者他做治疗的时间非常有限，不能保证经常来治疗。但是，有时这些因素似乎与患者毫不相干。他们会在讲述冗长的故事上花费大量的时间，只是希望从医生那里获得一个赞许；或者他会设法让每次治疗都令医生感到有趣，以使医生感到愉快并对他表示赞赏。这种情况甚至会发展到，患者的自由联想甚至是梦境都会被他希望取悦医生的意愿所支配。或者说，患者对医生产生了迷恋，认为除了医生的爱，自己什么都不在乎了，并试图用自己的真心实意打动医生。在这里，患者不加区分选择对象的倾向非常明显，他们仿佛认为每个精神分析医生都是人类价值的典范，或者完美地契合了每个患者的个人期待。当然，精神分析医生有可能是患者在任何情况下都可能会爱上的人，但即使如此，也不能说明，精神分析医生在情感方面对患者所具有的极端重要性。

在人们讨论"移情作用"时，常常就会想到这种情况。"移情"一词并不非常准确，这个词可以被看作患者对医生所有非理性反应的总和，而不仅仅只是一种情感上的依赖。问题的重点不在于为何在精神分析中会出现依赖，因为需要获得这种保护的个体，倾向于紧紧抓住任何医生、社会工作者、朋友或家人。问题的重点是，为什么这种依赖如此强烈，并如此频发？答案其实非常简单：除其他作用外，精神分析往往能攻破患者建立起来的对抗焦虑的壁垒，从而激发起这些保护墙后的焦虑情绪。正是这种焦虑的增强，促使患者以这样或那样的方式紧紧地依附于精神分析医生不放。

在此，我们又发现了这种依赖与儿童对爱的需求的不同之处：与成年人相比，儿童需要更多的爱或帮助，是因为他们更无助，但在他们对爱的态度中并不存在任何强迫性因素。只有那些本身已经忧虑不安的孩子，才会经常"紧抓母亲的衣服"不放。

对爱的神经症性需求的第二个特征是永远无法满足，这也完全不同于儿童对爱的需求。的确，一个孩子可能会纠缠不休，需要获得过度的关注，并无休止地证明自己是被父母所爱的，如果是这样，他就是一个患有神经症的孩子。在一个温暖且充满信任的环境中长大的健康的孩子，确信自己是被需要的，并不需要不断证明这一事实。在他自己需要帮助又得到帮助时，就会感到很满足。

神经症患者永不知足的态度，可以从总体上体现出一种贪婪的性格特征，表现在贪吃、贪多、拼命购物和急不可耐等方面。贪婪很多时候都会被压抑，但会突然爆发，例如，一个人在买衣服方面通常非常有节制，但在焦虑状态下，却一次性买了四件新外套。总之，这种贪婪可能会以海绵吸水式的温和方式表现出来，也可能以一种类似八爪鱼式的凶猛方式表现出来。

贪婪的态度，以及其所有的变化形式和随之而来的压抑，被称为"口欲期"态度，这种态度在精神分析的相关著作中已经得到了详尽的描述。尽管，构成这一术语基础的理论预见很有价值，因为它将分离的倾向整合为一种综合征，但是，认为所有倾向都源于口唇快感，这种假设是值得怀疑的。这种预想基于一种有效的观察，即：贪婪经常在对食物的需求和饮食方式中得以表达，同时也表现在梦中，这些梦可能以更原始的方式表现出了同样的倾向，例如，吃人的梦。但是，这种现象并不足以证明，我们这里所说的现象从本质上说与口唇欲望有关。似乎有一种更站得住脚的假设是：通常，吃只是贪婪能够得以满足的最容易的方式，无论贪婪的源头是什么，正如在梦中，吃也是表达不满足欲望的最原始、最具体的符号象征。

认为"口唇"欲或"口唇"态度具有力比多性质的这一假设也尚需证实。毫无疑问，贪婪的态度会出现在性领域，表现在实际性生活中的不知足和在梦境中会把交媾表现为吞咽或咬人。但这种贪婪的态度也会表现在对金钱或者服装方面，或者对野心和声望的过度追求上。唯一能够用来支持这种力比多假说的说法，即是贪婪的强烈程度同性冲动的强烈程度相似。但是，除非假设每种充满热情的冲动都具有力比多的性质，否则还需要进一步证明贪婪确实是一种性欲，即生殖器前期的驱力。

贪婪的问题十分复杂且尚未解决，同强迫行为一样，也是由焦虑所驱动的。贪婪受焦虑制约这一事实，就像在过度手淫或者过度进食的例子中经常发生的那样，可以看得非常清楚。这两者之间的关系，还可以表现在这样的事实中，即一旦个体以某种方式获得安全感——获得爱、获得成功、做有建设性的工作，这种贪婪就会减少甚至完全消失。例如，被爱的感觉可以立刻减少强迫性购物的欲望。一个对每顿饭都充满热情和期待的女孩，一旦从事了自己喜欢的职业，如服装设计，就会完全忘记饥饿和用餐时间。另一方面，当敌意或焦虑感有所增强时，贪婪就会出现或者变得更加强烈。在一次令人恐惧的演出前，一个人可能会不自主地想去购物；或者在遭到拒绝后，不自主地想要大吃一顿。

但是，也有一些焦虑的个体并未变得贪婪，这说明还有一些其他的特殊因素在起作用。在这些因素中，我们唯一可以肯定指出的一点是：贪婪的人不相信自己具有独自创造事物的能力，因此不得不依靠外界满足自身需求；但他们同时又坚信，没人愿意给他们提供任何帮助。那些在爱的需求方面贪得无厌的神经症患者，通常在物质层面也会表现出相同的贪婪。例如，浪费金钱或者时间，在具体问题的具体建议方面，在对困难的实际帮助上，以及对待各种礼物、信息、性满足等方面都是如此。在有些情况下，这些欲望，明确地解释了希望得到爱的证明这一愿望；在另一些情况下，这种解释并不令人信服。在后一种情况下，人们会对神经症患者形成一种印象，即他们只想获得某些东西，可能是爱也可能不是爱；对爱的渴望如果存在，也只是为了能勒索到某些有形的惠赠或是利益，而披上的一层伪装罢了。

这些观察发现了这样一个问题，这种对一般物质的贪婪是否是最基本现象，同时，对爱的需求是否是达成这一目标的唯一方式？对这一问题，并没有一个标准答案。在随后的内容中我们会发现，对占有的渴望是对抗焦虑的基本防御机制。但是经验也告诉我们，在某些情况下，虽然对爱的需求是一种主要的保护措施，但也可能会被深深压制，而不是明显地表现出来。于是，对物质的贪婪可能会永久性地或暂时性地取代它的位置。

在涉及爱的作用问题时，可以将神经症患者大体分为三种类型。第一种神经症类型的患者，毋庸置疑，追求的就是爱，不论其表现形式是什么，也不管其追求方式是什么。

第二种神经症类型的患者也会追求爱，但一旦他们在某些关系中没有获得爱，通常情况下，他们注定要失败，那么，他们不会立即转向追求另一个人，而是退缩，远离所有人。为了不依附于任何人，他们就迫使自己依附于某些事物，不得不去吃东西、购物、阅读；简而言之，不得不去获得某些东西。这种改变有时会以奇特的形式出现，好比一个恋爱失败的人，开始强迫性地吃东西，以致短时间内体重就增加了20~30磅；如果他重新开始了一段新恋情，他的体重就会下降；如果这段情感再次失败，他的体重就会再次增加。有时，可以在患者身上看到同样的行为：如果他们对精神分析医生极度失望，他们就开始强制性的饮食并增加体重，使得自己的样子都无法被认出来；但是当他们与咨询师的关系得以理顺后，他们的体重就会恢复。这种对食物的贪婪也可能会被抑制，这时它可能会表现为某种功能性的消化不良或者食欲不振。这种类型的神经症患者与第一种类型相比，人际关系受到的困扰更为严重。他们仍然渴望爱，也仍然敢于寻求爱，但是任何一点失望都会剪断他们与其他人相联系的那条线。

第三种类型的神经症患者由于在很早的时候就遭受过严重的打击，以至于他们的自觉态度已经变得对任何爱都深感怀疑。他们内在的焦虑非常之深，以至于他们只要不受到任何正面的伤害，就会感到非常满足。他们可能对爱持一种冷嘲热讽的态度，并宁愿实现那些有形的愿望，如物质上的帮助、具体的建议、性欲满足等。只有当大部分的焦虑得到缓解后，他们才能追求和欣赏爱。

这三种类型神经症患者的不同态度可以总结为：对爱的需求永不满足；对爱的需求和一般性贪婪交替出现；对爱没有明显的需求，只有一般性贪婪，每一种类型都表现出了焦虑和敌意的增加。

回到我们讨论的主要方向上来，现在我们必须考虑这样一个问题，即无法满足的爱借以表现其自身的特殊方式，其主要表现是嫉妒和要求对方无条件的爱。

神经症性嫉妒与正常人的嫉妒不同，正常人的嫉妒是对失去某些人的爱这种危险的恰当反应，而神经症性嫉妒是与这种危险完全不相称的反应。它表现为总是害怕失去对某人的占有，或总是害怕失去对方的爱。因此，对方可能有任何其他兴趣，对神经症患者而言都是一种潜在的危险。这种嫉妒可以出现在任何人际关系中——就父母而言，他们会嫉妒子女交朋友或是结婚；就孩子而言，则是嫉妒父母之间的关系；这种嫉妒还会出现在婚姻伴侣之间，也会出现在任何一种恋爱关系中。患者与精神分析医生之间的关系也不例外，表现为，医生去看另一个患者或仅仅是提起另一个患者，患者就会表现出高度敏感，其格言是："你必须只爱我一个人。"患者可能会说："我承认你对我很好，但是，你对其他人也同样很好，因此，你对我的好根本不能说明什么。"任何必须与其他人分享的爱，都会立即因此而丧失全部价值。

这种不相称的嫉妒，通常被认为是源自童年期对同胞或父母一方的嫉妒经验。同胞之间的竞争如果发生在健康儿童之间，例如对新生儿的嫉妒，只要孩子能够确信他没有因此而失去任何迄今为止所获得的爱和关注，这种竞争就会消失得无影无踪且不会留下任何创伤。根据我的经验，发生在儿童期又未能得到克服的过度嫉妒，是由于儿童处在与成年人所处的相似的神经症性环境中，这种环境我在上文已经做过描述。在孩子心中，早已存在一种源于基本焦虑的对爱永不满足的需求。在精神分析文献中，婴儿期嫉妒反应与成人嫉妒反应之间的关系常常表述得含糊不清，因为成人嫉妒反应常被称为婴儿期嫉妒的"复演"。如果这一术语意味着，一位成年女性嫉妒自己的丈夫是因为她曾对自己的母亲有过同样的嫉妒，这种说法似乎是站不住脚的。儿童对父母或是兄弟姐妹的强烈嫉妒，并不是导致后来成年人嫉妒的根本原因，但是，这两种嫉妒都源自同一根源。

也许，这种永不知足的爱的需求可以以一种比嫉妒更强烈的形式表达出来，就是追求对方无条件的爱。这种诉求在个人的意识层面最常出现的形式就是："我希望你因为我本身而爱我，而不是因为我做了什么而爱我。"迄今为止，我们可能认为这种愿望并不过分。当然，希望别人因为我们本身而爱我们的这种愿望，在任何人看来都并不奇怪。但是，神经症患者对无条件的爱的渴望，与一般人相比更为复杂，且在极端的形式中根本不可能实现。这种对爱的需求，确切地说，是对没有任何条件或毫无保留的爱的需求。

首先，这种需求包含一种爱他而不能计较他任何挑衅性行为的愿望。对安全感而言，这一愿望是必要的，因为神经症患者内心隐秘地知道这一事实：他内心充满了敌意和过分的要求，因此，他具有一种可以理解且恰当的恐惧，害怕一旦这种敌意变得非常明显，对方就会收回对他的爱，或者变得愤怒，对他怀恨在心。这一类神经症患者会表达这样一种观点：即爱一个可爱的人是一件容易的事，这不能说明任何问题，真正的爱应该是能够证明自己具备忍受任何不适当行为的能力，任何批评都被认为是一种对爱的收回。在精神分析过程中，患者会因为医生暗示他应该改变其人格中的某些方面——尽管这正是分析的目的，而感到愤怒，因为他把任何这样的暗示，都看作是他爱的需求所遭受的挫折。

其次，神经症患者对无条件的爱的需求包含着一种爱他且不计任何回报的愿望。这种愿望之所以必要，是因为神经症患者深感自己无力感受到任何温暖或付出任何爱，而且他也不愿意这样做。

再次，他的这种要求还包含着一种要爱他却不能获得任何好处的愿望。这种愿望之所以必要，是因为一旦对方从这种情境中获得了任何好处或满足，就会立即使神经症患者产生如下疑虑：即对方是为了获得这些好处或满足才喜欢他。在性关系中，这种类型的人总是吝啬于对方从这种关系中获得满足，因为他会觉得对方仅仅是希望得到这种满足才爱自己。在精神分析中，患者会嫉妒医生从帮助他们的过程中获得的满足感。他们要么贬低其给予的帮助，要么一方面从理智上承认这种帮助，另一方面却没有任何感激之情。或者他们倾向于将病情的好转归结于其他原因：他所服用的药物或是朋友的建议。当然，他们还会吝惜自己应该向医生支付的费用。尽管他们在理智上承认，这些费用是对医生付出的时间、精力以及知识的报酬，但在情感上，他们将付费视为医生并不是真正关心他们的证据。同样，这种类型的人也会怯于赠送礼物，因为赠送礼物使他们不能确定对方是否真正爱自己。

最后，对无条件的爱的需求还包括一种爱他并为他牺牲的愿望。只有当对方为自己牺牲一切之后，神经症患者才有可能确定自己是被对方所爱的。这些牺牲可能涉及金钱或时间，也可能涉及信念以及人格的完整。例如，这种需求包含这样的期望：不论在什么情况下，即使是会造成巨大的灾难，对方也要与自己站在一边。有一些母亲，她们相当天真地认为，期望从子女那里获得盲目的忠诚和牺牲是理所当然的，因为她们"在痛苦中生育了他们"。另外一些母亲，能够为子女提供许多正面的支持和帮助，而压抑了自己想要获得子女无条件的爱的愿望，但是她们却无法从与子女的这种关系中获得任何满足。因为就像我们之前提到的那样，她们认为子女之所以爱她们，仅仅是因为能够从她们身上得到如此多的爱。因此，对于给予子女的一切，她们都会怀着一种隐秘的吝惜心理。

对无条件的爱的追求，从其对其他所有人冷酷无情态度的实际内涵中，最为清晰地显示出：在神经症患者对爱的追求背后，隐藏着一种内在的敌意。

这种神经症患者与一般吸血鬼类型的人不同。吸血鬼类型的人可能会有意识地确定要将他人剥削至极致，而神经症患者通常意识不到自己正是这样一种人。由于一些很有说服力的策略性理由，他必须将自己的需求排除在意识之外。没有人会坦诚地说："我要你为我牺牲自己而不需要任何回报。"他被迫将自己的需求放在某个合理的基础之上。例如，他生病了所以需要他人为他牺牲一切。另一个不承认自己这些需求的有力原因是：一旦它们得以建立，就难以放弃，意识到这些需求的不合理正是放弃它的第一步。除了上面已经提到的那些基础外，它们还根植于神经症患者的一种深刻信念，即他无法依靠自己拥有的资源而生活，他所需要的一切必须由他人来给予，他生活的所有责任都在其他人肩上而不在他自己肩上。因此，要他放弃对无条件的爱的需求，前提是要改变他的整个生活态度。

对爱的神经症性需要的所有特征都共同表明了这样一个事实：即神经症患者自身的冲突阻挡了他获得所需之爱的道路。那么，如果他的这些需求只能部分实现或是完全无法实现，他会做出什么样的反应呢？

第八章　获得爱的方式和对拒绝的敏感

在思考神经症患者是如何迫切地需要得到爱，而对他们来说，要接受这种爱是何等苦难这个问题时，我们可能会认为，在一种适度的、不冷不热的情感氛围中，他们或许能够发展得最好。但是，另一个复杂的问题又出现了：他们与此同时又会痛苦地对任何拒绝或冷落都极为敏感，哪怕这种拒绝或冷落极其轻微。一种适度的氛围，尽管一方面让人感到安全，另一方面却又让人感到冷落。

描述神经症患者对拒绝的敏感程度是非常困难的。约会的改变、必要的等待、没能得到及时回复、同他人意见不合、不符合自己心愿，简而言之，在他看来任何不能满足其心愿的行为，都是一种拒绝和冷落。而且，这种拒绝和冷落不仅会将他们抛回到其基本焦虑中，还会被他们认为相当于一种侮辱（我稍后会解释为什么他们会将这种冷落看作一种侮辱）。由于冷落中确实包含羞辱的内涵，这就会引起极大的愤怒，这种愤怒也可能会公开地表达出来。例如，如果一个女孩儿的猫咪对她的爱抚没有任何反应，那她就会勃然大

怒，并将猫扔到墙上。如果他们被要求等待，他们会将这种
要求解读为自己在他人眼中无足轻重，所以其他人见他们才
不需要准时。这样的解读很可能使他们迸发出强烈的敌意，
或者导致他们收回所有的感情，以至于变得冷酷无情，即使
几分钟以前，他们还可能迫切地期待这次会面。

　　很多时候，受冷落感与恼怒感之间的关系仍是处于无意
识状态的。这种情况之所以非常容易发生，是因为这种冷落
有时十分轻微，以至于完全能够不为意识所觉察。于是，神
经症患者就会感到非常愤怒，或变得怀恨在心并心存恶意，
或感到筋疲力尽、沮丧或是头疼，而毫不怀疑其原因所在。
而且，不仅冷落或自认为被冷落时会引发敌意反应，就连自
己将会遭到冷落的这种预期也会引发敌意反应。举例来说，
一个人很可能会怒气冲冲地问一个问题，仅仅是因为在他心
里，他已经预料到这个问题会遭到冷落。他也可能不会继续
给女朋友送花，因为他预期她会从中觉察到他有什么不可告
人的动机。由于同样的原因，他可能会非常害怕表达任何积
极的，诸如喜爱、感激、欣赏之类的情感。因此，在自己和
他人眼中，他表现得比真实的自己更冷漠和无情。或者，他
们也可能会藐视女性，以此来对预期中受到的女性的冷落进
行报复。

　　对拒绝的恐惧如果剧烈发展，可能会导致的结果是，
避免让自己暴露在任何可能遭到拒绝和冷落的情境中。这种
回避行为的范围非常广，从买香烟不要火柴，一直到不敢去
找工作。那些害怕遭到任何形式拒绝的人，只要他们不能绝
对确定自己不会遭到拒绝，就会避免接近自己喜欢的人。这
种类型的男性通常会因自己必须主动邀请女孩跳舞而感到气

愤，因为他们担心女孩接受他们的邀请仅仅是出于礼貌；而且他们认为女性在这一点上要幸运得多，因为她们不需要采取主动。

换而言之，对拒绝的恐惧可能会导致一系列严重的压抑，致使自己变得胆怯，胆怯成为一种不使自己暴露于任何可能遭受拒绝的情境中的防御机制。认为自己是不可爱的，也被用来作为同一种防御机制。就好像是，这种类型的人对自己说："不管怎样，人们都不会喜欢我，所以我最好还是待在角落里，这样我就可以保护自己，以免遭到任何可能的拒绝。"这样，对被拒绝的恐惧就成为获得爱的渴望的严重阻碍，因为它使得个体无法让其他人感到或者了解到他其实是希望得到他人关注的。此外，由受冷落感所引发的敌意在很大程度上，使得焦虑情绪得以持续，甚至会增强焦虑感，这是形成难以摆脱的"恶性循环"的一个重要因素。

对爱的神经症性需求的各种内涵所形成的恶性循环，可以大致描绘成如下所示：焦虑→对爱的过度需求，包括绝对排他性的无条件的爱→如果这些需求不能被满足，就会产生被拒绝感以及对拒绝的强烈的敌意反应→由于害怕失去爱从而必须压制敌意→弥散性愤怒所造成的紧张→焦虑进一步增加→对安全感需求的进一步增加……因此，为了对抗焦虑获得安全感的每种方式，反过来又产生了新的敌意和焦虑。

这种恶性循环的形成，不仅在我们所讨论的情况下是典型的，一般而言，这是神经症形成过程中最重要的过程之一。除了让人感到安全这种特性外，任何一种保护措施都具有会产生新的焦虑的特性。一个人为了减缓自己的焦虑而去喝酒，然后又担心喝酒会对自己有害。又或者是，他可能会通过手淫的方式来缓解自己的焦虑，然后又担心手淫会使自己生病。再或者说，他可能接受某种对焦虑的治疗，但很快就会担心治疗会伤害到自己。这种恶性循环的形成是严重的神经症注定会恶化的主要原因，即使外界环境并没有发生变化。揭示这种恶性循环以及其全部内涵，是精神分析的最重要的工作之一。神经症患者本人是无法把握他们的，他们只能注意到自己陷入了一种无望境地的这一结果。这种陷入无望困境的感觉，是他对于自己无法突破种种困境所做出的一种反应。任何一种似乎能够引导他走出困境的道路，都会再次将其拖入新的危险之中。

　　人们可能会问，尽管存在内心障碍，神经症患者是否还有可以获得他决心想要获得的爱的方式。这里有两个实际存在的问题需要解决：一是怎样获得必需的爱；二是如何使得这种对爱的需要在自己及他人看来是正当的。我们可以大致地描述一下获得爱的各种可能的方式：收买笼络、乞求怜悯、诉诸公正，最后是恐吓。当然，这种分类，就像所有心理因素的分类一样，并不是绝对严格且规范的划分方法，只是一般趋势的指征。各种方式之间并不互相排斥，许多方法可以同时或交替使用，这既取决于情境以及整个性格结构，同时还取决于敌意程度。事实上，这四种获得爱的方法的排列顺序，表明了敌意增加的程度。

　　当神经症患者试图用收买笼络的方式获得爱时，他的箴言是："我爱你爱得如此深沉，因此你也应该以爱我作为回报，并为了获得我的爱而放弃一切。"在我们的文化中，女性与男性相比更喜欢使用这种策略，这一事实是由女性长期的生活环境造成的。几个世纪以来，爱不仅一直是女性生命中独特的领域，事实上也是唯一或者主要能够获得她们想要的东西的途径。男性成长过程中一直抱着这样一种信念，即如果他们想要实现某种愿望，那么就必须在生活中取得一些成就。而女性则认为，通过爱，且仅能通过爱，她们才能获得幸福、安全和声望。这种文化地位上的差异，对男性和女性的心理发展有着重大的影响。在这里讨论这一影响恐怕是不合时宜的，但它所造成的结果之一是，在神经症患者中，与男性相比，女性会更频繁地将爱作为一种策略。而与此同时，她们对爱的主观信念，又使得她们将这一要求合理化。

这一类型的人，在其爱情关系中，会陷入一种对对方的痛苦依赖这种特殊危险之中。例如，假设对爱有某种神经症性需求的女人，紧紧地依赖于同一类型的男性。但是，每次她向他靠近一步，他就会退缩；她对他的这种拒绝会做出怀有强烈敌意的反应，但因为害怕失去他，她会压抑这种敌意。如果，她想退出这段关系，那么他就又会开始重新追求她。随后，她就会不仅仅是压抑自己的敌意，还会用更强烈的爱来掩盖这一敌意。于是，她将再次被拒绝并再次做出相应反应，而最终又再次产生强烈的爱。因此，她将渐渐确信她被一种无法抗拒的"巨大激情"所支配。

另一种被认为具有收买笼络意味的策略，是试图通过理解对方，在心理或事业发展过程中帮助对方，为对方解决种种困难等类似的方式来赢得爱，这种策略男女两性都会使用。

获得爱的第二种方式是乞求怜悯。神经症患者会用自己的痛苦和无助来吸引其他人的注意，这里的箴言是："你应当爱我，因为我正在遭受痛苦且无所依靠。"与此同时，神经症患者将这种痛苦作为提出过分要求的正当理由。

有时，这种乞求会以十分公开的方式表现出来。一个患者就会指出，自己是病情最严重的患者，因此最有权利要求得到医生的关注。他会对其他表面上看起来更健康的患者表现出轻蔑，他也会对那些更成功地使用这一策略的患者怀有深深的怨恨。

在乞求怜悯的方式中，或多或少其中都混合着一些敌意心理。神经症患者可以单纯地乞求我们的善良心肠，也可以通过某些极端手段迫使我们给予恩惠。例如，通过将自己置身于一个灾难性的处境，从而迫使我们来帮助他。所有在社会或者医务工作中不得不与神经症患者打交道的人，都深知这一策略的重要性。一个以实事求是的态度解释自己处境的神经症患者，与一个将自己的疾病用一种戏剧性的解释来展示困境以引发同情的患者，两者有着显著的区别。在不同年龄段的儿童身上，我们也会发现这一相同的倾向和同样的变化形式：孩子或是通过诉说苦难来获得安慰，或是下意识地为父母制造一种可怕的情境，例如无法进食或是不能小便等，来引起父母的关注。

使用乞求怜悯这一策略意味着，个体预先有一种确信自己不能通过其他方式获得爱的信念。这一信念会被合理化为一种对爱的普遍怀疑，或是采用这样一种形式，即在特定的情况下，不能通过其他方式获得爱，只能通过乞求怜悯的方式才能获得。

获得爱的第三种方式，即诉诸公正，这里的箴言可以被描述为："我为你做了这些事，你将为我做什么？"在我们的文化中，母亲经常说自己为孩子付出了很多，那么她们有权利要求子女对他们永远忠诚孝顺。在恋爱关系中，答应对方的追求这一事实，也可能被当作向对方提出要求的基础。这一类型的人往往过分热心地时刻准备着为其他人效力，而内心却隐秘地希望，能够得到自己想要的一切来作为回报。如果其他人不能同样情愿地为他们做某些事，那么他们就会非常失望。我所提到的这类人，不是那些有意识地进行盘算的人，而是那些根本不知道自己有意识地预期希望能够获得可能的回报的人。他们这种强迫性的慷慨大方，也许可以更准确地描绘成一种变戏法的姿态。他们为其他人做的一切，正是他们希望其他人为他们自己所做的。正是这种失望带给他们强烈的刺激，才表明了期待得到回报的心理事实上确实存在。有时，他们会在心里记一本账，在这个账本上记录着自己为他人所做的大量牺牲，事实上这些牺牲是毫无用处的，例如，彻夜不眠等，但却减少甚至无视其他人为他做的一切。因此，他们完全歪曲了实际情形，认为自己有权利获得特殊关注。这一态度反过来又对神经症患者本人产生影响，因为，他们可能会极度害怕欠别人的人情。由于他本能地会以己度人，因此，他害怕如果接受了任何来自他人的恩惠，别人就会利用他。

这种诉诸公平的方式也建立在这样一种心理基础上，即如果我有机会，我就会很乐意为其他人做些什么。神经症患者会指出，如果他处在其他人的位置上，他将会是多么的仁爱或乐于自我牺牲。而且他觉得自己的要求完全是合理的，因为他对其他人并没有过多的要求，他所要求的也都是他自己也乐于去做的。实际上，神经症患者这种合理化的心理，比他本人意识到的现象要复杂得多。他对自身性质的描述，主要是由于他无意识地将他要求别人做的那些事情放到了自己身上。但是，这并不完全是一种欺骗，因为他确实具有自我牺牲的倾向，这种倾向源于他缺乏自我肯定，源于他常认为自己是失败者，源于他倾向于对别人宽容，以期得到他人向自己宽容别人那样的宽容的心理。

诉诸公正的方式中可能存在敌意，当要求为受到的所谓的伤害做出赔偿时，表现得最为明显。其箴言是："你让我遭受了痛苦，你毁了我，因此你必须帮助我、照顾我、支持我。"这一策略同创伤性神经症患者所用的策略非常相似。对于创伤性神经症，我并没有什么经验，但是我猜想，患有创伤性神经症的人也许并不在这一范畴中，不以自己的创伤为基础，去要求他们在任何情况下都可能会要求的那些东西。

我举一些例子来说明，神经症患者是如何通过使他人产生愧疚感或责任感，以使其自身需求看起来正当合理。一位妻子曾采用生病的方式来应对自己丈夫的不忠，她没有对他表达任何指责，甚至可能都没有意识到他该受到指责。但是她生病的事实却含蓄地表达了一种活生生的责备，目的在于引发自己丈夫的愧疚感，从而使其心甘情愿地将全部注意力都放在她身上。

这一类型的另一个神经症患者是一位患有偏执和歇斯底里症状的女性。有时，她会坚持帮助自己的姐妹们做家务，而一两天后，她可能会无意识地因为她们竟然接受了她的帮助而非常生气；于是随着症状的加重，她不得不卧病在床，以此迫使她的姐妹们不仅要自己料理家务，而且要承担更多照顾她的义务。同样，她健康状况的受损也表达了一种责难，并要求其他人为此做出赔偿。一次，其中一个姐妹批评她时，她突然晕倒，以此来表达自己的愤怒，并迫使她们给她以同情。

我的一个病人，在她接受精神分析的一段时期内，病情曾变得越来越严重，甚至产生了幻觉，认为精神分析除了要让她精神崩溃外，还要夺走她的一切财产。因此，她认为，在将来，我必须承担起照顾她全部生活的义务。在每个医疗过程中，类似的反应都很常见，与之相伴出现的是对医生的公开威胁。在病情轻微的患者中，下面这种现象经常出现：当精神分析医生休假时，患者的病情会明显加重；而且患者或明或暗地断定，他病情的恶化是医生的过错，并且因此他有特权要求获得医生的关注。我们可以将这个例子很容易地转换为日常生活经验。

正像这些例子所表明的那样，这种类型的神经症患者愿意承受付出痛苦的代价，甚至是巨大的痛苦。因为，通过这种方式，他们可以表达对他人的指责并提出自己的要求。而他们本人意识不到这点，因而能够维持自身的公正感。

当一个人使用威胁作为获得爱的策略时，他可能威胁要伤害自己或他人。他会做出某种极端的行为来进行威胁，例如，毁坏自己或他人的声誉，或是对自己或他人做出暴力行为，以自杀相威胁，甚至以企图自杀相威胁都是非常常见的例子。我的一个病人通过这种威胁方式相继获得了两任丈夫。当第一任丈夫表现出要退却的迹象时，她跑到城市最拥挤且热闹的地方去跳河；当她的第二任丈夫似乎不太情愿结婚时，她打开了煤气，当然她确定其他人能够发现她。很显然，她的意图在于说明，没有这个男人，她就没法活下去了。

　　由于神经症患者希望通过这种威胁的手段，来获得其他人对自己需求的认可，因此，只要有希望达成这一目的，他就不会将这种威胁付诸行动。如果失去了这种希望，他就会在绝望和报复的压力下实施这种威胁。

第九章　性欲在爱的病态需求中的作用

对爱的神经症性需求通常采取性迷恋或是对性欲贪婪渴求的形式出现。考虑到这一事实，我们不得不提出这样一个问题：对爱的神经症性需求的整体现象，是否都是由性生活的不满足所导致的？是不是他们对爱、接触、欣赏、支持的所有渴望，都是由这种不满足的力比多所驱使，而不是主要由安全感的需求所驱使的呢？

弗洛伊德很可能倾向于这样来考虑这个问题。他发现，许多神经症患者都渴望接近他人并倾向于依附他人，他将这种态度描述为不满意的力比多所造成的结果。但是，这一概念是建立在某些前提之上的：它事先假设所有这些表现本身并不具有性色彩的外部表现，例如：希望得到建议、赞赏或支持的愿望等，都是经过"减弱"或"升华"的性需要的表现；更有甚者，它还假设温柔也是性驱力的一种抑制或"升华"的表达。

这些假设是毫无事实依据的，爱的感受、温柔的表达同性欲之间的关系并不像有时我们所想象的那样密切。人类学家和历史学家告诉我们，人的爱是文化发展的产物。布利弗奥特（Briffault）指出，性行为与残忍之间的关系要比与温情之间的关系更紧密。尽管他的这种说法并不十分令人信服，但是，在我们的文化中，通过观察发现：性欲的存在可以没有爱或温情与之相伴，同时，爱或者温情也可以脱离性而存在。例如，没有证据表明母亲和子女之间的温情具有性欲的本质。我们可以观察到的一切，表明性因素可能存在，这也是弗洛伊德发现的结果。在温情和性欲之间，我们确实能够看到许多联系：温情可以成为性欲的先兆，我们可能具有性欲却仅仅意识到温情，性欲可以激发或是转化为温情。尽管温情和性行为之间的转化关系已经明确表明两者之间的密切关系，然而还是更谨慎点比较妥当，最好假设它们是两种不同范畴的感觉，两者可能彼此吻合，可以相互转化，或是彼此替代。

而且，如果我们接受弗洛伊德认为不满足的力比多是追求爱的驱力这一假设，那么我们就几乎无法理解，为什么从生理角度看，那些在性生活上完全得到满足的人，也会发现同样的对爱的渴求及前文所述的全部复杂现象——占有欲、无条件的爱、觉得自己不被需要等症状。但是，这些情形确实存在且毋庸置疑，所以其结论必然是：未得到满足的力比多不能解释这些现象，造成这些现象的原因并不在性领域。[1]

最后，如果对爱的神经症性需求仅仅是一种性欲现象，

---

[1] 像这样的案例，这些案例的患者常常在情绪领域存在明确的紊乱，而同时又具备获得充分性满足的能力。对某些精神分析师来说，它们一直是一个难题，尽管它们不符合力比多理论，却并不因此而不存在。

我们就无法理解与此相关的许多问题，例如：占有欲、无条件的爱、被拒绝的感受等。确实，这些问题已经被认识到并且得到了详尽的描述，例如：嫉妒可以回溯到同胞竞争或俄狄浦斯情结，无条件的爱可以追溯到口欲期，占有欲被解释为肛欲期的表现，等等。但是大家还没有意识到的是，事实上，我们在前面章节描述过的所有态度和反应，它们都属于同一范畴，是一个完整结构的不同组成部分。不了解焦虑是爱的需求背后的动力因素，我们就无法理解这一需求得以减弱或是加强的确切条件。

借助弗洛伊德具有天才创造性的自由联想方式，尤其是通过注意患者对爱的需求的变化波动，我们就可以在精神分析的过程中，准确地观察到焦虑和对爱的需求之间的关系。在经历一段时间具有建设性的合作之后，患者可能会突然改变自己的行为，要求占用精神分析医生的时间，或是渴求获得医生的友谊，抑或是盲目地钦佩医生，或是变得非常嫉妒，极具占有欲，对医生将他"仅看成一个患者"非常敏感。同时，患者的焦虑会有所增加，这种焦虑的增加或是表现在梦中，或是表现为感觉非常忙碌，抑或是表现出一些生理症状，例如腹泻、尿频等。患者并没有意识到焦虑的存在，也不知道正是焦虑使得自己对医生的依恋越来越强烈。如果医生发现了这两者之间的联系，并向患者揭示出这一联系，那么，双方都会发现：在医生触及患者突然产生的迷恋问题时，就已经激发了患者的焦虑，例如，他可能会把医生的解释视为一种不公平的指责或羞辱。

这一系列的反应似乎是这样的：一个问题出现了，对它的讨论激发患者对医生的强烈敌意；患者开始憎恨医生，梦到医生死了；患者立即压抑了自己的敌意冲动，开始感到害怕，为了满足安全需要而紧紧依附于医生；在经历过这些反应之后，敌意、焦虑以及与之相伴而增加的对爱的需求，就会退居幕后，逐渐淡化。对爱的需求的增强，经常有规律地作为焦虑的结果出现，因此，我们完全可以将其作为一种预警信号。它表明，焦虑正在慢慢浮现到患者意识层面，因此患者需要寻求安全感。这里所描述的过程并不只限于精神分析，同样地，在个人关系中也会出现相同的反应。例如，在婚姻中，丈夫被迫依附于他的妻子，尽管在内心深处恨她并害怕她，但他的表现却可能是嫉妒她，想占有她，将她理想化并赞美她。

如果能认识到这一术语只是对这一过程进行了大致的描述，而没有涉及其动力因素，那么，我们完全有理由将这种附加于隐藏在憎恨之后的夸大的忠诚说成是"过度补偿"。

如果由于上面所提到的这些原因，我们拒绝接受对爱的需求给出性欲病因学解释的话，就会出现这样的问题：对爱的神经症性需求有时与性欲结伴出现或是看起来就像是一种性欲，这是否是一种偶然现象？又或者说是否存在一些特定的条件，在这些条件存在的情况下，对爱的需求才会以性的方式来被感知和表达。

在某种程度上，对爱的需求是否以性欲的形式表现出来，取决于其是否能得到外部环境的认同。它还取决于在文化、生命活力以及性气质中的差异。最后，它还取决于个体的性生活是否满意。因为如果其性生活没有得到满足，与拥有满意性生活的个体相比，其更有可能以性欲的方式来反映。

　　尽管，所有这些因素都是不证自明的，并且对人的行为反应有着确定的影响，但它们还不足以解释基本的个体差异。在表现出对爱的神经症性需求的一定数量的人中，这些反应往往因人而异。因此，我们发现在与其他人接触时，一些人会强迫性地立即表现出或多或少具有性色彩的冲动；而在另一些人身上，这种性兴奋或性活动都维持在一个正常的情感和行为范围之内。

　　第一种类型中的男女会从一种性关系转向另一种性关系，对他们性反应的进一步了解表明：当他们缺乏性关系或是发现没有立即获得伴侣的机会，那么他们就会感到不安全、缺乏保护，表现得非常古怪。同一类型中，具有更多抑制倾向的一些男性或女性，实际上他们拥有非常少的性关系，但他们总在自己和其他人之间创造出引起性欲的氛围，不论其他人是否特别吸引自己。最后，这种类型中的第三种人，他们具有更多性方面的抑制，但是他们很容易进入性兴奋状态，并且强制性地将任何一个他们所遇到的男性或女性看成是自己潜在的性伴侣。在最后这一类人中，强迫性手淫可能会代替性关系，但也不尽然如此。

　　在这一类型群体中，生理获得满足的程度存在着很大的差异。除了其性需求的强制性本质外，这一类型群体的另一个共同点是，不加区分地选择性伴侣，他们具有那些在我们对对爱有神经症性需求的个体进行整体考虑时就已经讨论过的特征。另外，让人感到震惊的是，他们时刻准备实际上或想象中进入性关系；可他们与他人的情感关系中却存在深刻的障碍，与普通人相比这一障碍受基本焦虑的困扰更为深刻。他们不仅无法相信爱，而且实际上，如果他们得到了爱，也会烦躁不安，因为他们心理已经严重失调，如果是男性，那么他很可能已经患有阳痿。他们可能意识到自己的防御姿态，或者他们可能倾向于责怪自己的伴侣。在后面一种情况中，他们坚信自己从未遇到一个称心的女性或男性。

对他们而言，性关系不只是对特定性紧张的释放，还是获得人际交往的唯一方式。如果一个人形成了这样一种信念：即认为对他而言，从实际情况看根本不能获得爱，那么，身体接触可能就会成为情感关系的一种替代。在这种情况下，如果不是唯一，性就是他们与其他人接触的主要桥梁，并因此获得了不同寻常的重要性。

在某些人身上，辨别力的匮乏，表现在对潜在伴侣的性别不加区分这方面；他们要么会主动寻求性关系，不论对方的性别是什么，或者屈服于其他人的性需求，而不管提出要求的人是同性还是异性。在这里，对第一种类型的人我们不感兴趣，因为尽管在他们那里，性也是用于建立人际交往的手段，否则他们就很难获得人际关系，但其动机并不是为了满足对爱的需求，而是为了征服，更准确地说，是出于制服他人的动机。这种动机非常强烈，以至于性别差异已经变得不那么重要了。总之，在性方面或者其他方面，他们认为对男人和女人都必须加以制服。第二类人，受到对爱的无尽需求的驱动，屈服于同性或异性的性需求者，特别是害怕失去对方而不敢拒绝对方的性要求，或者不敢反抗对方提出的任何性要求——无论这些要求合理与否。他们之所以不愿意失去对方，是因为他们迫切地需要这种与对方的接触联系。

在我看来，用某种天生的"双性恋倾向"解释这种对性别不加区分而发生性关系的现象是一种误解。在这些情形中，并没有任何迹象表明他们对同性的真正依恋。一旦一种健全的自我肯定取代了焦虑，这种表面上的同性恋倾向就会立即消失，对异性性伴侣不加区分的选择这一情况也会立即消失。

对双性恋所陈述的那些内容，同样能够在某种程度上，给同性恋现象的问题某些启示。事实上，之前描述的"双性恋"类型和明确的同性恋类型之间，还存在很多中间阶段。在后者的生活史中，有些确定的因素足以说明他们拒绝接受异性为性伴侣的原因。当然，同性恋的问题异常错综复杂，以至于无法只从一个单一的观点来进行理解。在这里这么说就足够了，我还没有见过一个同性恋者，在他身上没有同时表现出我们在"双性"群体中所提到的那些特点。

最近几年，许多精神分析家都指出，性欲之所以会增强，是因为性兴奋和性满足可以成为焦虑和被压抑的心理紧张的发泄途径，这种机械的解释可能是正确的。但是，我认为，还存在一些心理过程，会导致从焦虑到性需求的增加，并且我们有可能认识这些心理过程。我的这个观点是基于精神分析的观察，以及联系患者与性欲无关的种种性格特征来对其生活史所做的全面研究。

这一类型的患者很可能一开始就充满热情的迷恋精神分析医生，急切地需要得到某种爱的回报。或者，在精神分析过程中，他们可能会保持一种相当冷淡的态度，将对他人性亲密的需求转移到局外人身上，且正如一些事实所说明的那样，那个局外人由于与医生非常相似，或者这两个人在梦中被等同起来，这个局外人就成了分析师的替身。最后，这些患者希望同医生建立性关系的需求，这能在梦中出现，也可能会表现为访谈过程中产生性兴奋现象。患者经常会对这些显而易见的性欲信号感到异常震惊，因为他们既没有感到被医生所吸引，也根本没有爱上他。事实上，来自于医生的性吸引并没有发挥可觉察到的作用，而且并不是说与其他人相比，这些患者的性气质更为迫切或不可控，也不是说与其他人相比这些患者的焦虑更多或者更少。他们身上的特征是，对任何形式的真爱都怀有深深的怀疑。他们完全相信，医生因隐秘不明的动机对自己感兴趣，如果是这样，他们相信在医生内心深处是看不起他们的，而且给他们带来的伤害可能比好处多得多。

　　由于神经症患者高度的敏感性，因此，在每一次精神分析中，他们都可能做出怨恨、生气以及怀疑的反应，但在那些性需求特别强烈的患者身上，这些反应形成了一种固定且持久的心态。他们的反应，看似医生和患者之间有一道无形且又无法跨越的墙。当他们面对自身难题时，他们的第一个冲动就是放弃，中断治疗。在分析中，他们展现的场景，正是他们在整个生活中全部行为的精确缩影。其区别是，在精神分析之前，他们可以免于认识到自己的人际关系实际上是多么的脆弱和复杂；而他们很容易卷入性关系这一事实，却有助于他们混淆实际情况，并使得他们误认为他们很容易与他人建立性关系就意味着他们总体而言具有良好的人际关系。

　　我提到的这些态度，频繁而有规律地出现。无论什么时候，患者只要在分析开始的时候，就表现出对分析师的性欲望、性幻想，或是做与分析师有关的春梦，我就能在他的人际关系中找寻到某些特殊的深层障碍。同这个方面相一致的所有观察结果是，医生的性别相对而言不那么重要。那些相继接受过男性和女性医生治疗的患者，会对这两个性别的医生产生相同的反应。在这种情形中，如果将这些表面现象看作是他们在梦中或者其他形式中所表现出来的同性恋渴望，那就很可能犯了一个严重的错误。

因此，总体来看，就好像"闪光的不一定是金子"一样，"看似是性欲的东西不一定是性欲"。大部分看似是性欲表现的现象，实际上都与性欲毫无关系，而是对安全感渴望的一种表达。如果不将这一点纳入思考范围，我们就必定会高估性欲的作用。

那些由于无法意识到的内在焦虑的紧张，而导致性欲增强的人，倾向于单纯地将自己的性需求归结于自己固有的先天气质，或是解读为自己是不受传统习俗、禁忌约束的。在这样做的时候，他们跟那些对自己的睡眠需求做过高估计的人犯了同样的错误。高估自身睡眠需求的人，认为他们的体质需要十个小时或者更长时间的睡眠，但事实上，他们对睡眠需求的增加可能是由大量被压抑的情感所导致的，睡眠被他们当作了逃避所有冲突的手段。强迫性进食和饮酒的情形，也是同样的道理。饮食、酗酒、睡眠和性行为，都是维持生命所必需的；这些需求强烈程度的变化不仅与个体体质有关，还与其他情景有关，例如：气候，其他需求是否得到满足，外部刺激是否存在，工作的紧张程度以及目前的生理状况等。但是，所有这些需求都会因无意识因素所增强。

性欲和对爱的需求之间的关系，为我们理解性欲节制问题提供了思路。人们忍受禁欲的程度，因文化和个体因素的不同而不同。就个人而言，性欲节制取决于一些不同的生理和心理因素。但是，很容易理解的是，需要通过性行为来缓解焦虑的人，很可能是无法忍受任何节欲，即使是短时期的节欲也不行。

这些思考，导致我们对于性在我们文化中所起的作用进行某种程度的反思。在对我们的性问题方面，我们常怀有一种骄傲和满足的自由主义态度。当然，自维多利亚时代以来，这种情况确实有了一些好的变化。在性关系中，我们都有了更多的自由，并更有能力来获得性满足。后一种观点对女性而言尤其适用，在女性中，性冷淡不再被认为是一种常态，而被普遍地认为这是一种缺陷。但是，尽管有这种变化，这方面的进步却并没有我们所认为的那么深远。因为，现在很多性行为更多的是心理紧张的发泄途径，而不是一种真正的性驱力。因此，它也被更多地看作是镇静剂，而不是一种真实的性享受或者乐趣。

文化环境也会在精神分析的概念中有所反映。弗洛伊德的重大成就之一，就在于给予了性应有的重要地位。但是，更详细地讲，被看作性的许多现象，实际上是复杂的神经症现象的表现，主要是对爱的神经症性需求的表现。例如，与精神分析医生有关的性欲望，通常被解读为是患者对其父亲或者母亲的性欲固着作用的重演。但通常而言，这并不是真实的性愿望，而是为了减轻焦虑获得安全感的行为。诚然，患者经常讲述这样的联想或梦，例如，表达想要躺在母亲怀抱里或者回到母亲子宫的愿望，这些联想或梦说明了一种对父亲或母亲的移情。但是，我们不能忘记，这种明显的移情，可能只是现在想要获得爱或寻求庇护愿望的一种表达。

即使这些跟医生有关的性欲望被理解为对父亲或者母

亲这种相似愿望的直接复演，也没有证据能够表明，幼儿对父母的依恋，本身而言是一种真正的性依恋。有很多证据表明，在许多成年神经症患者身上，爱和嫉妒的所有特征，也就是弗洛伊德描述的俄狄浦斯情结的特征在童年期都可能存在，但是这种情况并不像弗洛伊德所设想的那样频发。正如我已经谈到的，我认为，俄狄浦斯情结并不是一个初始过程，而是许多不同种类过程的结果。它可能是一种非常简单的儿童反应，由于被父母给予过富有性色彩的爱抚，因目睹性爱场面，或者由于父母一方的养育标准是使孩子成为自己盲目的忠诚者所引发。另一方面，这也可能是更为复杂过程的结果。正如我所说，那些为俄狄浦斯情结的产生提供了沃土的家庭环境中，孩子心理通常会产生很多恐惧和敌意，而对这些恐惧和敌意的压抑导致了焦虑的出现。我认为，在这些情况下，俄狄浦斯情结是由于孩子为了获得安全感，而依附于父母中的一方才产生的。事实上，获得充分发展的俄狄浦斯情结，正如弗洛伊德所描述的，表现出对爱的神经症性需求的所有特征和倾向，例如：对无条件的爱的过度需求、嫉妒、占有欲，因遭到拒绝而产生的恨意等。因此，在这些案例中，俄狄浦斯情结只不过是神经症的一种形式，而并不是神经症的根源。

第十章　对权力、声望和财富的追求

在我们的文化中，对爱的追求是一种经常用来对抗焦虑以获得安全感的方式，而对权力、声望以及财富的追求则是另一种方式。

也许我应该解释一下，为什么我要将权力、声望以及财富作为同一个问题的不同方面来讨论。更详细地说，不论一个人的主导倾向是追求这些目标中的其中一个或者另一个，都必然会在人格中形成巨大差异。在神经症患者对安全感的追求中，究竟哪一个目标占主要地位？这既取决于外部环境，也取决于个体在天赋以及心理结构上的差异。我将它们作为一个统一体来进行讨论，原因是它们具有一个共同点，正是这个共同点将它们与对爱的需求相区别。获得爱意味着通过增强与他人的联系而获得安全感，而追求权力、声望或财富意味着通过减少与他人的联系，增强自身地位来获得安全感。

支配他人的愿望、赢得声望和获取财富的愿望，本身并不是一种神经症倾向，就像对爱的渴望本身不是神经症性倾向一样。为了理解在这一方向上的神经症性追求的特征，我们应将其与正常需求进行比较。例如，在正常人身上，权力的感受可能产生于对自身优势力量的认识，不论是身体的力量或能力，还是心理上的能力、成熟或智慧。又或者，其对权力的追求可能与一些特定的原因相关：家庭、政治或职业群体、祖国、某种宗教思想或科学观念等。但是，对权力的神经症性追求产生于焦虑、憎恨以及自卑感。严格来说，对权力的正常追求源自力量，而神经症性需求来源于软弱。

文化因素也应当考虑进去，个人的权力、声望以及财富并不是在所有文化中都会发挥作用。例如，在普韦布洛印第安人（Pueblo Indians）中，对声望的追求是绝对不提倡的，而且个人财富也没有什么差别，因此对财富的追求也没那么重要。在这种文化中，追求任何形式的支配，并以它作为获得安全感的手段，都是毫无意义的。我们文化中的神经症患者之所以会选择这种方式，是基于以下事实：在我们的社会结构中，权力、声望以及财富能够提供强大的安全感。

在探寻是什么样的条件产生了对这些目标的追求时，我们清楚地发现，常见的情况是，事实已经证明无法通过爱来获得安全感以缓解潜在的焦虑时，这种追求就会形成。我将引用一个例子来说明，当对爱的需求受到阻碍时，这种追求是如何以野心的形式发展起来的。

一个女孩儿对大自己4岁的哥哥有着强烈的依恋，他们曾经或多或少地沉溺于一种带有性特征的温情中，但是当女孩8岁的时候，她的哥哥突然拒绝了她，并指出现在他们都长大了，不能再玩类似的游戏了。在这次经历后不久，女孩突然在学校里表现得野心勃勃。这一现象显然是由于她对爱的追求过程中遭到失望而引起的，而这种失望又因为她没有更多的人可依赖而变得更加痛苦。她的父亲一直以来并不关心自己的孩子，而母亲则明显更偏爱哥哥。但是，她所感受到的不仅仅是失望，同时也是对她的自尊心的沉重打击。她不知道哥哥的态度之所以会发生变化，是因为他快要进入青春期了。因此，她感到非常羞耻、屈辱。由于她的自信心一直以来都建立在一种极不安全的基础上，她的羞耻和屈辱感就更加强烈。首先，她的母亲并不需要她，就让她感到自己是无足轻重、可有可无的。而由于母亲是一个美丽的女人，所以每个人都还时常赞美她。除此之外，她哥哥不仅被母亲所喜爱，还能赢得她的信任。父母的婚姻并不幸福，所以母亲总是跟哥哥商量她的烦恼，因此，女孩感到完全被排除在外。她做了更多的尝试希望获得自己想要的爱：就在她跟哥哥那次痛苦的经历后不久，她爱上了一个自己在旅途中遇到的男孩，她变得非常兴奋，开始编织自己对这个男孩的美好幻想。而当这个男孩儿从她的视野中消失，她又由于抑郁而表现出新的失望。

正像在这类情景中常发生的那样，父母和家庭医生将她的情况归咎于她所处的年级对她而言太高了。他们让她暂时休学，带到一个避暑胜地去休养；然后，再让她在比之前所在年级低一个年级的班里就读。就在那时，她9岁，她表现出了一种不顾一切、不屈于人后的野心。在班里，她不能忍受自己不是第一名。与此同时，她与其他之前很要好的女同学之间的关系也明显恶化了。

这个例子说明了形成神经症性抱负的典型因素：最开始，她感到不安全是因为她觉得自己不被需要，由此产生了很强的反抗心理。但这种反抗心理，却因为母亲在家庭中是占主导地位的人，需要盲目赞美，而不能得以表达出来；于是，被压抑的恨意产生了大量的焦虑；她的自尊心没有机会得到发展，在很多情况下她都觉得屈辱，又由于与哥哥的那次经历而受到强烈刺激；于是，她通过寻求爱来得到安全感，但是这种尝试最终也失败了。

对权力、声望以及财富的神经症性追求，不仅被用来作为对抗焦虑的保护措施，而且也是受到压抑的敌意得以发泄的途径。我将首先谈论每种追求是如何为对抗焦虑提供特殊保护方式的，然后再讨论释放敌意的特殊方式。

首先，对权力的追求可以作为一种对抗无助感的保护措施，我们已经了解到无助感是焦虑的基本要素之一。神经症患者会对自己所表现出的任何一点儿无助和软弱都非常反感，因此，他会避开那些在正常人看来非常普遍的场景，例如：接受他人的指导、建议或帮助，对他人或环境的依赖，放弃自己的观点或同意他人的意见。这种对软弱的反抗，并不会突然爆发出其全部力量，而是逐步增加其强度。神经症患者越是感到自己事实上已经被这些压抑所阻挠，他在现实环境中就越是不能肯定自己。他在实际生活中变得越软弱，就越焦虑地想要逃避一切看起来与软弱有某种相似的东西。

其次，对权力的神经症性追求，可以作为一种保护性措施，以对抗自认为无足轻重或被他人看作无足轻重的危险。神经症患者对力量形成了一种僵化且非理性的观念：自己应该能够处理所有的情况，不论这个情况有多困难，都应该立刻就能够应对它。这种理想与骄傲相联系，其结果，神经症患者认为软弱不仅仅是一种危险更是一种耻辱。他将人分为

"强者"和"弱者"两个类型，他崇敬强者而鄙视弱者。他对软弱的看法也走向了极端。他对同意他的意见或是顺从于他愿望的人，或多或少都表现出一种轻视，还瞧不起那些内心有种种压抑或是不能控制自己的情绪，而显得表情冷漠的人，他也会鄙视自己身上存在的同样的特点。如果他无法避免地意识到自己存在着某种焦虑或是压抑，就会感到耻辱，还会因为自己患有神经症而鄙视自己，并急于将事实掩盖起来，他也会因自己无法独自应对这一问题而瞧不起自己。

所采取的这些寻求权力的特殊形式，取决于权力的缺乏是否是神经症患者最害怕或是最鄙视的事情。我将提到一些这种追求特别常见的表现。

这种表现之一是，神经症患者在控制自己的同时，也想要控制他人，他不希望任何不是由自己发起或赞同的事情发生。这种对控制的追求可能会采取一种淡化的形式，即有意识地允许其他人获得充分的自由，但却坚持要知道对方所做的一切；如果对他隐瞒了什么，他就会勃然大怒。这种控制他人的倾向，也可能会受到强烈的压制，以至于到这样一种程度：即不仅是他本人，甚至他周围的人也都相信，他在给别人自由方面是非常慷慨大方的。但是，如果一个人完全压抑了自己对他人的控制欲，那么，每当对方与其他朋友有约会或者意外回家晚了，他就会变得沮丧，出现头疼或是胃痛等症状。由于不了解这些失调的原因，他会将这些症状归因于天气情况、饮食不当或是其他类似的不相干的原因。很多表面看起来好像是好奇的心理，实际都是由想要控制一切的隐秘愿望所决定的。

这一类型的人还倾向于希望自己永远正确，即使是在无关紧要的细节上，一旦被证明他是错的，他也会极为恼火，他们必须要比其他人知道更多的东西，这种态度有时会明显地让人难堪。那些在其他方面都严肃可靠的人，一旦他们遇到自己不知道答案的问题时，就可能会不懂装懂，或者凭空杜撰一个答案，即使在这个特殊问题上的无知也并不会有损他们的声誉。有时，他们会强调预先知道将会发生什么，并预测每一种可能性。这种态度可能是厌恶且不愿出现任何不可控的因素，不愿冒任何风险的心态。对自我控制的强调表现为不愿意让任何情感摆布自己。一位患有神经症的女性感到一位男士对她非常具有吸引力，如果这位男士爱上了她，她就会突然转为看不起他。这一类型的患者往往很难让自己自由驰骋于自由联想之中，因为那样做意味着失去控制，并会将自己卷入一个未知的领域。

在追求权力的过程中，标志神经症特征的另一个态度就是希望一切都符合自己的愿望。如果其他人不能完全按照神经症患者的期望去做，或者没有在他所希望的时间内去做这些事情，那么他就可能因此而无比愤怒。急躁的态度也与上述追求权力的态度有着紧密的联系，任何方式的延迟，任何被迫的等待，即使只是等红绿灯，都可能导致愤怒。通常，神经症患者本人意识不到自己有一种想要支配一切的态度，至少是不知道这种态度的程度。事实上，不承认、不改变这种态度，显然更符合他的利益。因为这个态度本身具有很重要的保护性功能。同样，他也不应该让其他人发现这种态度，因为，一旦其他人认识到这一点，他就要承担可能失去他人之爱的风险。

这种意识的缺乏对恋爱关系有着重要的意义。如果情人或丈夫无法完全符合其预期，如果他迟到了，不打电话，外出办事，患有神经症的女性就会认为他不爱自己了，她无法意识到自己的感受只是对方没有遵循其模糊不清的愿望的一种愤怒反应。通常情况下，她不会说出自己的这些愿望，所以她将这些情况作为自己不被人需要的证据。事实上，这种谬误在我们的文化中非常常见，它在很大程度上促成了不被人需要的感觉，而这种感觉在神经症中往往又是一个关键因素。这种反应是从父母身上学到的，一个因孩子违背自己意愿而感到愤怒的专横母亲，就会相信并且宣称孩子并不爱她。在这种心理基础上，常常会产生出一种奇怪的矛盾现象，这种矛盾会严重阻碍所有的恋爱关系。一个神经质的女孩无法爱上一个"软弱"的男人，因为她蔑视一切软弱；但是，她也无法与一个"坚强"的男人相处，因为她总希望自己的伴侣能顺从自己。因此，她内心深处寻找的是英雄、是超人；但这个人同时也要毫不犹豫地屈从于她的所有愿望。

追求权力的另一个态度就是永不屈服。同意他人的意见或者接受他人的建议，即使这些意见和建议被认为是正确的，在他们看来也是一种软弱，仅仅是要接受意见的这种想法都足以引发反抗心理。那些认为这种态度非常重要的人往往因为害怕对他人的屈服，而倾向于矫枉过正地强迫自己采取相反的立场。这种态度最常见的表现方式就是，神经症患者在内心深处暗暗坚信世界应该适应他，而不是他来适应整个世界，精神分析治疗的基本困难之一就在于此。对患者分析的最终目的并不是获得知识或洞见，而是用这种洞察力来改变他的态度。尽管这种类型的神经症患者能够意识到这个改变对自己有好处，但他却十分憎恨这种未来的改变，因为这种改变对他来说是一种最终的屈服。在恋爱关系中也存在这种态度，爱，不论它意味着什么，都隐含着屈服于自己的情感和自己所爱的人。无论男性或女性，越是无法做到屈服，他的恋爱关系就越不会让他满意。这也可能是性冷淡的原因之一，因为性高潮也是以这种完全放开的能力为前提。

我们已经看到对权力的追求会给恋爱关系造成的影响，使我们能够更全面地了解对爱的神经症性需求的更多内涵。不考虑到追求权力在追求爱的过程中所发挥的作用，我们就无法完全理解对爱的追求中的许多态度。

正如我们所看到的，对权力的追求是对抗无助感和无关紧要感的一种保护性措施。同样，后一种功能在对声望的追求中也有所体现。

这一类型的神经症患者对给他人留下深刻印象，受到他人敬仰和尊敬的需求非常迫切。他幻想用美貌、智慧或是其他卓越的成就来使人对自己印象深刻；他会极为浪费，以引人注目的方式花费金钱；他会不惜一切地学会谈论最新出版的书籍和上映的剧目，会竭力认识一切显要人物，他不会让不仰慕他的人成为他的朋友、丈夫、妻子和雇员。他全部的自尊都是建立在他人对自己的敬仰上，如果他无法得到仰慕，其自尊心就会降低甚至完全消失。由于他极度敏感，并总是感觉到耻辱，生活对他而言是一种永恒的折磨。通常而言，他并没有意识到这种羞耻感，因为意识到这点会使他更加痛苦；但不论是否意识到这种感受，他总是以与之相应的愤怒来对这种感受做出反应。因此，他的态度导致了新的敌意和焦虑的持续产生。

仅仅出于纯粹描述的目的，我们将这类人称为自恋者。

但是，如果从动力学角度来看，这个术语可能会造成一种误解。因为，尽管他总是沉溺于自我膨胀之中，但他这样做的主要目的不是出于自恋，而是为了保护自己不受无关紧要和羞辱感的干扰，或者用正面的话来说，是为了修复被揉碎了的自尊心。

跟其他人的关系越是疏远，他对声望的追求就越会被内化；在他自己看来，他的这种需求是正确且美好的。不论是明确认识到还是隐约感觉到的任何一个缺点，都会被看作是一种耻辱。

在我们的文化中，保护自己以对抗无助感、无关紧要感、羞耻感，也可以通过对财富的追求实现，因为财富既能带来权力，也能带来声望。在我们的文化中，对财富的非理性追求是非常普遍的现象，以致只有同其他文化相比较，我们才能意识到，这并不是一种普遍的人类本能，不论它是以一种贪婪的获得本能还是以一种生物驱力升华的方式所表现。即使在我们的文化中，一旦对其起决定性作用的焦虑缓解或消失，这种对财富的强制性追求行为就会立即消失。

用财富作为对抗恐惧的保护方式，对抗的是贫困潦倒、寄人篱下这些特殊恐惧。对贫穷的恐惧就像鞭子一样，驱动一个人不断工作并且不错过任何赚钱机会，这种追求的防御特质说明神经症患者不会为了较多的享受而花费自己的金钱。对财富的追求并不仅仅直接指向金钱或是物质，还表现为对他人的占用欲，并被当作防止失去爱的保护手段。由于占有欲的现象是众所周知的（尤其表现在婚姻中，法律为婚姻中的占有欲提供了合法基础），同时其特征与我们讨论对权力的追求时所描述的特征完全一致，在这里我就不再专门举例了。

　　正如我所说过的，我前面所描述的这三种追求，不仅仅是为了对抗焦虑以获得安全感，还可以作为宣泄敌意的手段。敌意会表现出支配他人的倾向，还是羞辱他人的倾向，抑或是剥夺他人的倾向，则取决于哪种需求占主导地位。

　　对权力的神经症性追求所蕴含的支配他人的特征，并不一定公开地表现为针对其他人的敌意，它会伪装成有社会价值或是具有人文主义精神的形式，例如表现为：提建议的态度、爱管闲事的态度、喜欢带头或当领导的态度。但是，如果这些态度中确实隐藏着敌意，其他人——子女、伴侣、雇员便都会感受到这种敌意，并会以顺从或反抗的方式来应对。神经症患者本人通常意识不到自己的这些态度中蕴藏着敌意，即使当事情没有按照他预想的方式发展而感到非常愤怒时，他仍然坚信自己本质上是一个性情温和的人，他之所以这么生气是因为其他人非常不明智的反对自己。但是，实际发生的情况是：神经症患者的敌意被压抑为一种文明的形式，当事情不能称心如意地进行时，敌意就会公开爆发。那些激怒他的理由，在其他人看来可能根本就不是对他的反对，而仅仅是意见不同或是没有按照他的意见去办而已。然而，就是这样鸡毛蒜皮的琐事，也会让他非常愤怒。我们可以将这种支配他人的态度看作一个安全阀，经由这个安全阀，一定量的敌意可以一种非破坏性的方式得以释放。由于这种态度本身乃是敌意的一种淡化后的表达，因此，它也就为阻止那些纯粹破坏性的冲动提供了一种途径。

　　由于他人反对而产生的愤怒可能会被压抑，而正如我们所看到的，被压抑的敌意随后会导致产生新的焦虑，它可能会表现为抑郁或疲劳。由于引发这些反应的事件如此无足轻重，所以它们完全没有被注意到；同时，由于神经症患者无法意识到自身的这些反应，这些抑郁或焦虑情绪看起来似乎不是由外界刺激所引发。只有通过精确的观察，才能逐步揭示刺激性事件和随之而来的行为反应结果之间的关系。

由强迫性支配所形成的另一个更深层次的特征就是，缺乏与人平等相处的能力。这类人要么成为领导，要么必然感到完全无望、六神无主和茫然无助。由于他如此专横，以至于任何不能由自己完全支配的事情，都会让他感到自己被征服了。如果他的气愤被压抑了，这种压抑可能会导致他产生抑郁、沮丧以及疲惫的感觉。但是，这种无助感可能只是确保自己的支配地位或表达不能指挥他人而产生敌意的一种迂回的表达方式。例如，一位女性同丈夫在国外的一座城市散步，她曾在某种程度上，提前研究了地图，因此她一直在带路。但是，当他们到了她之前没有在地图上研究过的地方和街道时，她很自然地感到不安全，于是把领路的任务完全推给了丈夫。尽管在此之前，她非常快乐、活泼，但这个时候她却突然感到非常疲惫，甚至一步都走不动了。我们都知道，在婚姻伴侣、兄弟姐妹、朋友之间，神经症患者就好像是一个监督奴隶工作的人，用他的无助像鞭子一样抽打他人，驱使其他人服从于自己的意志，向他们索取无止境的关注和帮助。这些情况的典型特征是，神经症患者从未从他人为自己做的事中获得好处，但报之以不断的抱怨并不断提出要求，更糟糕的是，报之以指责，指责别人忽视并虐待他。

在精神分析过程中也可以观察到相同的行为。这种类型的患者可能会拼命地要求获得帮助，但是他们不仅不会接受精神分析医生的任何建议，还会对没有得到任何帮助而表达自己的不满。如果他们因为理解了自己的某些特性而确实收获了帮助，那么他们会立即重新陷入之前的烦恼中，就好像医生什么都没有做过一样，他们会试图擦去经过医生艰苦工作而获得的洞见。随后，患者会再次迫使医生进行新的努力，而这些努力注定会再次失败。

从这种情景中，患者会收获双重的满足感：通过表现出无助的状态，他在迫使医生像奴隶一样为他服务这方面获得了胜利。与此同时，这一策略还会引发医生的无助感，由于患者自身的纠葛使他无法以一种建设性的方式来支配他人，因此，他就找到了一种破坏性的方式来支配他人。不用说，通过这种方式获得的满足感完全是无意识的，就好像是为获得这种满足感而无意识地使用了某种技术一样。患者所能够意识到的一切，就是自己非常需要帮助，同时又并没有获得帮助。因此，在患者眼中，他的行为是完全合理的，而且他还觉得自己有充分的权利生医生的气。同时，他情不自禁地记录了这样一个事实——他正在玩一个阴险的游戏，非常害怕别人发现并报复自己。因此，为了保护自己，他感到很有必要来强化自己的地位，于是他通过发动反击的方式来达到这一目的，并不是说他暗中使坏，而是他认为医生忽视、欺骗并且虐待他。但是，只有在他真正受到伤害时，他才能够继续假装并维持这一信念。处于这种状况中的患者，不仅对承认自己遭受虐待毫无兴趣，而且，相反的是，他对坚持自己的信念有着强烈的兴趣。他坚信自己受到伤害的这种信念，给人的感觉就如同他非常希望被虐待。事实上，他跟我们大家一样，也不希望自己被虐待；但是，他的这种认为自已遭受了虐待的信念具有十分重要的功能，因此他无法轻易放弃这个信念。

在支配他人的态度中，往往可能包含着过多的敌意，这些敌意会带来新的焦虑。这又会导致一些抑制的出现，例如：不能发布命令，无法做出决策，无法准确地表达观点等。结果是，神经症患者常常表现出一种过分的顺从，这一结果反过来让他们错误地认为其压抑是一种先天的软弱。

在那些将追求声望看作是最重要的事的人身上，敌意常常表现出一种想要侮辱他人的欲望。对那些因受过羞辱而伤到自尊心，并为此寻求报复的人而言，这种欲望是至高无上的。通常而言，他们在童年时期有过一系列遭受侮辱的经历，这些经历可能与他们成长的社会环境相关，例如：属于某一少数民族群体，或是自己非常贫困却有一些富有的亲戚。也可能与他们的个体环境有关，例如：由于其他孩子的缘故而受到歧视，被人唾弃；被父母当作玩物，有时被宠爱，有时又被羞辱和冷落。绝大多数时候，这些经历由于其痛苦的特征会被遗忘，但是如果问题跟羞辱相关，这些经历就会在意识层面被唤起。但是，在成年神经症患者中，我们无法观察到这些童年情景所带来的直接影响，而只能观察到其带来的间接影响。这些结果之所以得以强化，是因为进入了一种"恶性循环"：经历侮辱感——产生侮辱他人的欲望——由于害怕遭到报复而对侮辱异常敏感——侮辱他人的欲望得到增强。

侮辱他人的倾向会被深深地抑制，是因为神经症患者，从其自身的敏感性中了解到，当受到侮辱时，自己是如何痛苦和想要报复，因此，他本能地害怕其他人会对他做出相同的反应。虽然，在他没有意识到的情况下，这种倾向有可能会表现出来：以一种不经意地忽视他人的方式表现出来，例如：让其他人长时间等待，不经意地让他人陷入尴尬的情景，让对方产生强烈的依赖性，等等。即使神经症患者完全没有意识到自己想要侮辱别人的欲望，或者意识不到自己已经侮辱了别人；在与其他人的关系中，他心中仍然弥漫着无形的焦虑，表现为不断担心自己会遭到责难或侮辱。后面，在讨论对失败的恐惧时，我会回过头来讨论这种恐惧。对羞辱的敏感所导致的压抑作用，通常会表现为做出试图回避一切可能伤害或侮辱他人的事情。举例而言，这类神经症患者可能无法批评别人、无法拒绝别人的请求、不敢开除一个雇员，结果是，他常常表现得过于为他人着想或过于礼貌。

最后，羞辱他人的倾向会隐藏在敬仰他人的背后。因为，遭受侮辱和仰慕他人是截然相反的，后者是消除或隐藏前者的最佳方式，这就是为什么这两种极端的表现经常发生在同一个人身上。这两种态度有许多的分配方式，不同分配的原因取决于个体差异。它们可能会独自出现在人生的不同阶段，一个人可能在一段时期内，普遍轻视所有人，紧接着又进入到一个英雄崇拜的阶段。他可能崇拜男性而轻视女性，或者反过来；他可能盲目崇拜某一个或两个人，而同时盲目地蔑视其他一切人。正是在分析的过程中，我们可以发现，事实上，这两种态度是同时存在的。患者可能会盲目地崇拜精神分析医生，同时又会蔑视他。患者或是压抑其中一种态度，或是在这两种态度之间犹豫不决。

在追求财富的过程中，敌意通常表现为剥削他人的倾向。欺骗、偷盗、剥削或是挫败他人的愿望，其本身并不是神经症，它可能是由一种文化范式或是被实际环境所认可的，或仅仅被看成是一种权宜之计。但是，在神经症患者身上，这些倾向却具有高度的情绪色彩。即使从他人身上获得的实际利益微乎其微，甚至无关紧要，但只要取得成功，他就会感到非常高兴并觉得获得了胜利。例如，为了讨价还价搞到一个便宜商品，他会花费与节省下的金钱不成比例的时间和精力。他对胜利的满足感有两种来源：一种是他以智取胜，赢了他人，感觉聪明过人；另一种感受是感到自己击败他人，损害了对方。

剥削他人的倾向有许多种不同的表现方式。如果神经症患者没有得到免费治疗，或是要求他支付的报酬超过了他的支付能力，他就会对医生产生怨恨。如果他的员工不愿意无偿加班，他就会对他的员工感到非常愤怒。在与朋友和孩子相处的过程中，这种剥夺倾向通常会以一种合理化的方式来表现，即宣称他们对他负有责任和义务。事实上，父母经常根据这一理由来要求子女做出牺牲，并有可能会摧毁子女的一生。即使这种倾向没有以这种破坏性的方式表现出来，那些坚信孩子的存在是要使自己得到满足的母亲，也必然会倾向于从情感上对孩子进行剥削。这种类型的神经症患者，也可能倾向于保留或拒绝给他人某些东西，比如：他们应该支付的金钱，应该提供的信息，让对方期待的性满足等。这种掠夺倾向的存在，可能是通过不断地做偷盗的梦来表现，或者，他甚至可能意识到自己有想要偷盗的冲动，只不过他将这种冲动压抑了下去，又或者在某一阶段，他可能会成为实际的盗窃狂。

这种类型的人通常无法意识到自己在有目的地剥削他

人。一旦有人期待他做些什么或拿出些什么的时候，与他这种剥夺欲望相关的焦虑可能会导致压抑的产生。这样他就会忘记去买本应购买的生日礼物，或者如果一个女性愿意委身于他时，他就会突然变得阳痿。但是，这种焦虑并不总是能够导致实际的压抑，它也可能在一种害怕自己正在剥削他人的潜在恐惧中表现出来。虽然事实上，他们就是在这样做，但他们有意识地非常愤怒地否认自己有这样一种意图。这种神经症患者甚至可能在某些事实上并不存在这些倾向的行为中，也产生这种恐惧，而与此同时，他却始终意识不到自己那些真正包含着对他人剥削的行为。

这些剥削他人的倾向常常伴随着羡慕嫉妒的情感。如果他人获得某些我们也想得到的好处，那么，我们中的绝大多数人都会嫉妒他们。但是，在正常人身上，强调的重点是这样一个事实，即他们自己也想取得这样的好处；而对神经症患者而言，重点在于，即使他们自己不想取得这样的好处，他们还是会对取得者产生嫉妒的情绪。这种类型的母亲往往会嫉妒孩子的快乐，并告诉他们"乐极就会生悲"。

神经症患者会通过将嫉妒置于一种合理的基础上的方式，来竭力将自己的嫉妒情感隐藏起来。其他人的任何好事，不论是一个洋娃娃、一个女孩、一种休闲乐趣还是一个较好的工作，在他看来都是如此光彩夺目和值得拥有，以至于他觉得自己的嫉妒是完全合理的。这种合理化可能只是借助于对事实进行无意识地歪曲，例如：低估自己实际拥有的一切，以及错误地觉得其他人的好事真的也是自己希望得到的。这种自我欺骗可能会达到这样一种程度，即让自己真正地相信，他自己处于一种悲惨的境地，因为他无法拥有那种其他人拥有的东西，从而完全忘记了在其他方面，他都不愿意同他人进行交换。为了这一歪曲的事实，他所付出的代价就是无法享受和欣赏那些他能够获得的幸福。但正是这种不可能，保护其免受其他人的嫉妒，这种嫉妒是他十分害怕的。就像许多正常人有足够的理由保护自己免受某些人的嫉妒一样，他并不是有意要抛弃自己已经拥有的满足，因此，他们会歪曲自己的实际处境。神经症患者在这方面做得如此彻底，以至于真正夺去了自己的所有享受。这样，他最终做掉了自己的目的。他本想要获得一切，但是他这种破坏性的动机和焦虑，使得他最后落得两手空空。

显然，这种剥削他人的倾向，正如我们所讨论过的其他敌意倾向一样，不仅产生于受损的人际关系，还会导致这种关系进一步受损。特别是，如果这种倾向或多或少处于无意识状态——就像正常的情况一样，那么它就会使他对他人处于一种不自然的状态，甚至面对他人时感到胆怯。当他不希望从对方身上得到什么的时候，他的行为举止和言谈感觉会表现得很自然；但一旦有机会从其他人身上获得任何好处时，他就会立马变得不自然。这些好处可能是实际的东西，例如：信息或建议；也可能是一些看不见摸不着的东西，例如仅仅是未来的获益可能性。这一点在性关系中如此，在其他人际关系中也是如此。这种类型的神经症患者，跟她不在意的男性在一起时，就会很坦率自然；但是如果她希望对方能够喜欢自己，她就会感到很尴尬和不知所措。因为，对她而言，获得对方的爱就等同于要从对方身上获得某些东西。

这种类型的人也许有着非常卓越的赚钱能力，这种能力将其冲动引向那些有利可图的地方。很多时候，他会在挣钱的问题上形成种种抑制，这样他就会犹像是否要向对方索要报酬；或是做了很多没有得到足够回报的工作，因而他们表现得要比实际而言更为慷慨大方。随后，他们会因为没有得到足够的报酬而心怀不满，但通常他们都意识不到自己不满的真正原因。如果神经症患者的压抑变得十分严重，这种压抑就会渗透到其整个人格当中，结果将导致他失去自立的能力，而需要依靠他人的支持供养。这样，他就会过一种寄生虫式的生活，并以此来满足其剥削他人的倾向。这种寄生虫式的态度不一定表现为"全世界都欠我的"这种明显方式，而是以一种更微妙的方式表现出来，例如：希望他人能给自己以恩惠，能首先采取主动的态度，能为其工作出谋划策。简而言之，希望他人为他的生活负责。总体来说，最终结果就是他对生活产生了一种奇怪的态度——他对生活是自己的，只有自己才能决定是有意义的去活着还是要浪费生命这一问题没有清晰的认识。他的生活态度，就好像周围发生的一切都跟他本人没有任何关系；好像一切善与恶都源自外界，而与他所做的事无关；好像他有权利坐享其他人创造的美好，并可以将所有不好的事情都归咎于他人一样。由于在这样的生活态度中，坏事往往比好事多得多，从而神经症患者对世界产生愤懑是不可避免的。这种寄生虫式的态度，还可以从对爱的神经性需求中发现，尤其是当这种对爱的需求表现为一种渴求物质利益时更是如此。

神经症患者剥削他人倾向的另一个常见结果就是，会产生担心自己会被其他人欺骗或者剥削的焦虑。他会生活在一种永恒的恐惧之中：生怕有人会利用他，会掠夺他的金钱或剽窃他的观点；他会对遇到的每一个人都做出相同的恐惧反应，担心对方会对他打什么主意。如果他真的被骗了，例如：如果出租车司机没有走最近的路线，或者服务员多收了他的钱，他就会发泄出远超情况严重程度的愤怒。显然，他是在将自己的欺骗倾向所具有的心理价值投射到他人身上；因为，觉得对他人的愤怒具有正当性，远比面对自己的问题更让人愉快。而且，癔症患者经常将指责作为一种威胁方式，或是通过威胁的方式，使对方产生愧疚感，从而达到任其利用的目的。辛克莱·路易斯在多滋沃尔斯夫人这个人物形象的性格基础上，对这种策略做了异常睿智的描述。

神经症患者追求权力、声望和财富的目的和功能可以粗劣地划分为以下几种：

目标	为获得安全感的对抗	敌意的表现形式
权力	无助感	支配他人的倾向
声望	屈辱	侮辱他人的倾向
财富	贫困	剥削他人的倾向

这正是阿尔弗雷特·阿德勒的成就，他已经看到并强调了这些追求的重要性。这些追求在神经症患者的表现中的作用，以及它们借以表现出的伪装。但是，阿德勒认为这些追求是人类本性中最重要的倾向，对其本身不需要进行任何解释。[1]而在神经症患者身上这些趋势变得如此强烈，他将这种现象归结为自卑感和生理缺陷。

弗洛伊德也看到了这些追求的含义，但他并没有将它们

---

[1] 尼采在《权力意志》中，也对权力欲望做了同样片面的评价。

作为一个整体，他将对声望的追求看作是自恋倾向的一种表现。他最初将对权力和财富的追求，以及其中包含的敌意，看作是"肛门施虐阶段"的衍生物；但是，随后他认识到这些敌意不可能还原到性欲望的基础上，并认为它们是"死亡本能"的一种表现，因而，他始终坚持自己生物倾向的信念。不论是阿德勒，还是弗洛伊德都没有意识到焦虑在其中所起到的作用，他们也都没有发现在它们得以表现的形式中所包含的文化内涵。

第十一章　病态竞争

在不同的文化中，获得权力、声望和财富的方式也是不同的，也许是通过继承获得，也许是个体的某些品质，如勇敢、机智、拥有治愈疾病或与超自然现象交流的能力、头脑灵活多变等类似的素质，受到其所在文化群体的赏识。这些也许是因非凡的或成功的活动而获得，也许是因特定的品质或幸运的环境而获得。在我们的文化中，继承在获得地位和财富中无疑具有重要的作用。但是，如果权力、声望和财富必须通过个人的努力才能获得，那么他就不得不与他人竞争。竞争以经济为核心并会辐射到其他所有活动当中，会渗透到爱、社会关系和社交游戏中。因此，在我们的文化中，竞争对每一个人来说都是问题，因此竞争成为神经症性冲突一个经久不衰的研究中心，并不出人意料。

在我们的文化中，神经症性竞争与正常竞争有三个不同点。一是，神经症患者会不断与其他人进行比较，即使并没有比较的必要。尽管，追求胜过他人在所有的竞争情景中都是最为根本的，但是，神经症患者却总会与那些不会成为潜在竞争对手的人或是与他没有共同目标的人进行比较。关于谁更聪明、更有吸引力、更受欢迎这个问题，他会不加选择地与每个人比较。他对人生的感受，就好比赛马骑手对生活的感受——对骑手而言唯一重要的事情就是，他是否领先他人。这种态度必然会使他丧失或者降低对任何事情的真正兴趣，他真正关心的并不是他所做的事情本身，而是从中能获得多大成功，给人留下多深印象，获得多少声望。神经症患者可能能够意识到自己爱与他人比较的这种心态，或者他并没有意识到只是自然而然地这样做了，他很少能够完全意识到这种态度在他身上发挥的作用。

同正常竞争的第二个区别在于，神经症患者的野心不仅仅是获得比别人更多的成就、更大的成功，还在于想要成为独一无二的人。在比较中，他也许认为自己的目标永远都是最高级的。他也许完全能够意识到自己被残酷的野心所驱使，但是，更常见的情况是，对自己的野心，他要么彻底压抑，要么有所遮掩。如果他对自己的野心有所遮掩，他可能认为，自己并不在意成功，而是仅仅关心工作本身；或者认为自己并不想成为舞台上令人瞩目的焦点，而只想在幕后做些打杂的工作；或者他会承认，在人生的某个阶段，他曾的确很有野心——作为小男孩儿的他，幻想自己是耶稣或是拿破仑第二，或者幻想自己救世人于战火；作为小女孩的她，幻想嫁给威尔士亲王——但是他会宣称，从那以后，他的野心就消失了，他甚至会抱怨自己现在是这样缺乏野心，以至渴望再找回一些曾经的野心。如果他完全压抑了自己的野心，他很可能会相信野心已离他非常遥远。只有当精神分析医生将他的保护层剥开一些的时候，他才会回忆起自己那些宏伟夸张的幻想，或是曾在头脑中一闪而过的想法，例如：希望在自己的领域成为最优秀的人，认为自己特别聪明、英俊，发现某个女人居然会在他在场的时候爱上其他男人，让他即使回想起来都深感气愤、耿耿于怀。但在绝大多数情况下，他都无法意识到野心在他的反应中具有如此强大的作用，他并不认为自己的想法有什么特殊之处。

这样的野心有时会体现在追求一个具体的目标上：聪慧、吸引力、某种成就或者道德。但有些时候，这种野心并没有集中在一个明确的目标上，而是遍布于个体的所有活动中。他要在涉足的各个领域中都成为最好的。他也许想同时成为伟大的发明家、卓越的医生和无与伦比的音乐家。女性也许不仅希望在工作中勇拔头筹，还希望成为一个完美的家庭主妇并且打扮入时得体。这类青少年则会发现难以选择或从事任何一种职业，因为对他们来讲，选择一种职业就意味着放弃另一种职业，或者至少放弃自己的部分兴趣爱好。对许多人来说，做到同时精通建筑学、外科手术和小提琴演奏都是非常困难的。这些青少年可能还会抱着许多过分不切实际的期望开始工作：画画得像伦勃朗一样好，剧本写得像莎士比亚一样好，刚到实验室工作就能精确计算出血球数目。过度的野心导致他们期望过高，而根本无法实现自己的目标，因此，他们很容易就会感到沮丧和失望，并因此而放弃努力，转而开始其他的事情。许多有天赋的人终其一生都在这样分散自己的精力，他们的确具有在许多领域取得成就的巨大潜能，但对所有领域都感兴趣、抱有野心，致使他们不能持之以恒地追求任何一个目标；最后，一事无成，白白浪费了自己的大好才华。

　　无论是否意识到自己的野心，但当野心受挫时，个体总是非常敏感，甚至成功了他也会感到失望，因为这种成功没有达到其野心勃勃的期望。例如，成功的科学论文或专著可能会让人失望，原因在于它没有引起轰动，而只引起了有限的关注。这种类型的人，当他通过了一个很难的考试时，会因为他人也通过了这场考试而不认为这是什么成功。这种总是感到失望的倾向，就是为什么这类人无法享受成功的原因之一。其他原因我稍后将讨论。从本质上来说，他们对任何批评都极度敏感。许多人在他们写了第一本书或者画了第一幅画作之后就再也没有出版过任何作品，因为即使是温和的批评，也让他们感到深受挫折。许多潜在的神经症患者，首次出现神经症症状，是在遭上级批评或遭到失败的时候。尽管这些批评或失败本身是非常微不足道的，并不足以产生如此严重的精神障碍。

　　神经症性竞争与正常竞争的第三个区别就是在神经症性野心中蕴藏着敌意，即他那种"只有我才是最美丽、最能干和最成功的人"的态度。在每一次激烈的竞争中，敌意都是固有的，因为一个竞争者获得胜利就意味着另一个竞争者遭到失败。事实上，在个人主义文化中存在大量破坏性竞争，需要单独分析，而不能立刻就将其视为神经症特征，这似乎是一种文化模式。但是，在神经症患者身上，竞争的破坏性比建设性更强大：对他而言，看到他人失败比自己获得成功更重要。更确切地说，具有神经症性野心的人，其行为就好像是打败别人比获得成功更重要。实际上，他自己的成功对他来说是最为重要的；但是，由于他强烈地压抑渴望成功的野心，我们随后就会看到，为他打开的通往成功的唯一通道就是成为优胜者，或至少感觉比他人优越：击败他人，把他们拉到低于自己的水平，或者是完全将他们踩在脚下。

　　在我们的文化中，试图去毁灭竞争者从而提高自己的地位、荣誉，或是镇压潜在的竞争者，常常不过是竞争中的一种权宜之计。然而，神经症患者却总是盲目地、任意地、无法自控地诋毁他人。即使他认识到其他人不会给自己带来实际的伤害，甚至他人的失败会对自己不利，他也仍然会这样做。他的这种感情可以被清楚地描述为这样一种信念，即"只有一个人能够成功"，而这不过是"除我以外任何人都不能成功"的另外一种表达方式。在他破坏性冲动的背后，可能存在着大量的情绪冲动。例如，一个人在写一部戏剧，当他听说他的一位朋友也在写一部戏剧时，竟会突然陷入盲目的愤怒。

　　这种挫败或阻碍其他人努力的冲动在很多关系中都能看到。一个野心勃勃的儿童，可能会不顾一切地希望挫败父母为他所做的一切努力。如果父母在行为举止和社会成功的问题上对孩子施加了压力，那么他就会让自己的行为在社会上臭名远扬。如果父母在孩子的智力发展方面投入了很多的努力，那么他就会在学习方面形成强烈的抑制，而表现得像是低能的人。我想到我曾经有过两个这样的小患者，他们的父母怀疑他们智力发育不全，后来事实证明他们其实是非常有才能、非常聪明的。当他们想以同样的方式来应对精神分析医生时，就清晰地表明了他们想要挫败自己父母的动机。他们中的一个，很长时间假装不明白我所说的一切，因此，我就无法很有把握地对她的智力状况做出判断，直到我意识到，她在跟我玩曾经她一直用来对付父母和老师的同一种把戏。这两个年轻人都有着极强的野心，但在治疗的初期，这种野心完全淹没在了破坏性的冲动之中。

在对待学习或是任何治疗时同样的态度都会出现。在上课或是进行治疗时，从中获益乃是个人利益所在。但是，对这类神经症患者而言，或者更准确地说，对他们内心的神经症性竞争心态而言，击败老师或精神分析医生的努力，使他们无法获得成功更为重要。如果他能够通过让他人无法在自己身上获得任何成功来达到这一目的，那么，他将会愿意付出这样的代价，即继续生病或是继续无知下去，以此向其他人证明自己没有什么高明之处。不用另加说明的是，这个过程是无意识的。在他的意识层面，他相信老师或是医生实际上是无能的，或者并不是教他学习或给他治疗疾病的合适人选。

因此，该类型的患者非常害怕医生会成功地治愈他的疾病。他将竭尽全力地挫败医生的努力，即使他知道这么做的话，最终也会击败自己。他不仅会误导医生或是隐瞒一些重要的信息，而且他还会保持在同一状态之中，甚至会戏剧性地加重病情，只要可以他就会这么做。他不会告诉医生自己病情有什么好转，如果他这么做了也是以一种不情愿的或是抱怨的方式，或是认为这种好转是由外部因素导致的，例如：气候变化，他自己服用了阿司匹林，或是读了些什么书。他不会服从医生的任何指导，并企图以此证明医生是错的。或者他会将当初强烈拒绝的医生的建议，转而说成是自己所发现的。后面这种行为在日常生活中能明显观察到：它构成了无意识剽窃的心理动力，许多关于优先权的斗争，都基于这一基础。这种人无法忍受其他任何人提出新想法，对于不是自己提出的观点他会果断地加以诋毁。例如，如果此时正与他竞争的人推荐了一部电影或是一本书，那么他会讨厌或诋毁这部电影或是这本书。

在精神分析的过程中，所有的这些反应在医生的精辟解释下更接近意识层面的时候，神经症患者就会公然爆发愤怒：他可能想要在办公室砸东西或是中伤医生。或是在很多问题逐渐清晰之后，指出还有许多问题没有得到解决。即使他已经取得了明显好转，并且清楚地意识到了这点，他也拒绝表达任何谢意。在这种忘恩负义的现象中还存在许多其他因素，例如，害怕承担偿还其他人恩惠的义务，但是其中一个重要的因素是，将某件事归功于他人常常会让神经症患者内心产生屈辱感。

与这种挫败他人的冲动相伴随的常常是极度的焦虑，因为神经症患者无意识地认为，在遭受挫败之后其他人像他自己一样会感到受到伤害并产生报复心理。因此，他总是对伤害他人感到焦虑，并将自己击败别人的倾向排除在意识之外，从而坚定地认为自己的行为是非常合理的。

如果神经症患者有强烈的诋毁他人的倾向，他就很难形成任何积极的意见，采取积极的立场，或是做出任何有建设性的决定。对于某人或某件事情的积极看法可能会因为他人的一丁点儿的负面言论而消散，因为只要一丁点儿小事就足以激发起他诋毁的冲动。

所有这些具有破坏性的冲动都包含在对权力、声望和财富的神经症性追求中，从而进入到竞争性行为中。在那些发生在我们文化中的一般性竞争中，正常人也会表现出这些倾向，但在神经症患者身上，这些冲动本身变得非常重要，不论这些冲动会给他带来什么样的不利情况或是灾难。侮辱、剥削或是欺骗他人的能力对他而言就是一种优势和胜利，如果他不具有这种能力，那么他就是失败的。如果不能从其他人那里获得优越感，神经症患者就会表现得非常愤怒，便是源于这种失败感。

在任何社会中，如果个人主义竞争精神成为一种主导趋势，就一定会对两性关系有所损伤，除非属于男性和女性的领域是完全分开的。但是，神经症性竞争由于本身的破坏性，会比普通竞争造成更严重的破坏。

在恋爱关系中，神经症患者想挫败、制服以及侮辱对方的神经症性倾向，发挥着很强大的作用。性关系成为一种征服和侮辱伴侣或是被伴侣征服和羞辱的手段，这种特性显然与性关系的本性完全相悖。在男性恋爱关系中，这种情况经常发展为弗洛伊德所描述的分裂状态：一位男性在性方面只会受到低于自己标准的女性的吸引，对自己喜欢和敬仰的女性则无法产生任何欲望。对这样的人来说，性行为同羞辱的倾向不可分割地联系在一起，因此，一旦他遇到自己喜欢的或是爱慕的异性就会压抑自己的性欲。这种态度常常能够回溯到其母亲身上，从母亲那里他曾感受到了侮辱，同时他也想侮辱自己的母亲，但由于害怕，他将这种冲动隐藏在了一种夸张的忠诚背后，这种情景通常被称作固定作用（Fixation）。在他随后的生活中，他发现了一种解决方式，就是将女性分为两类；这样，他对自己所爱慕的女性所怀有的敌意，往往表现为以实际行动使她们受挫并感到沮丧。

如果这一类型的男性同一位女性开始了一段关系，这位女性的地位和人格魅力跟他相当或是更优于他，那么，他就会因她暗暗感到羞耻而不是自豪。对于这样的反应他会感到非常困惑，因为在他的意识层面，他并不认为女性一旦与异性发生了性关系就会降低自身的价值。但他不明白，自己通过性交贬低女性的冲动如此强烈，因此，在感情层面，女性发生性关系后于他而言就变成了可鄙的，因此，因她感到耻辱是一种符合逻辑的反应。同样，一位女性也会没有道理地因自己的爱人感到羞耻，她通过以下方式来表达这种感受：不希望别人看到他们在一起，无视对方的优秀品质，因此对对方的赞赏比对方实际应该得到的少。通过分析发现，女性也具有贬低对方的无意识倾向。[1]通常而言，她对同性也会有这样的倾向，但是由于个人原因，这种倾向在与异性的关系中更为突出。这里的个人原因是非常多样的：对受偏爱的兄弟的怨恨，对软弱的父亲的蔑视，坚信自己缺乏吸引力并因此预见自己会遭到异性拒绝。她也非常害怕女性，从而不敢表达自己对她们的侮辱倾向。

　　女性，同男性一样，可能完全能够意识到想要征服和侮辱异性的意图，一个女孩儿开始一段恋情的直接动机就是希望将男性玩弄于股掌之中。或者她会先引诱男性，一旦对方对她的情感进行了回应就立即抛弃对方。但是，很多时候，这种羞辱的渴望是无法被意识到的。在这种情况下，它就会以间接的方式表现出来。例如，可能表现为强迫性的嘲笑男性的追求。或者以性冷淡的方式表现出来，通过这种方式告

---

[1] 多里安·菲根鲍姆在一篇论文中曾经记录过这样一个病例，这篇论文以"神经症性羞耻"为名，发表在《精神分析季刊》上。但是，他对该病例所做的解释与我的分析不同，因为他最后的结论，是将这种羞耻感追溯到阴茎嫉妒。而我认为，从许多人文、精神分析文献都将之看成是女性的阉割倾向，所谓阴茎嫉妒，大多数都是由一种想要侮辱男性的潜在愿望导致的结果。

诉对方，对方不能够给她带来满足感并因此成功地羞辱对方。特别是，如果他本身对女性的羞辱就有一种神经症性的恐惧，情况就会更加如此。相反的感受——因发生性关系便感到自己被虐待、被贬低、被羞辱，也常常会在同一个人身上出现。在维多利亚时期，对女性而言，她们感到性关系对自己是一种羞辱乃是一种文化模式，如果这种关系能够合法化并保持冰冷的优雅，这种羞辱感才会有所减弱。在最近30年中，文化的这种影响在逐渐减弱，但它仍足以解释这一事实，即与男性相比，女性在性关系中更能感受到尊严受到了伤害。这也可以导致性冷淡或是疏离男性的结果出现，尽管她们本身是渴望与异性接触的。这类女性可能通过受虐幻想或者反常的方式来获得一种继发性满足感，但由于她对遭受他人侮辱的预期，随后她就会对男性产生强烈的敌意。

对自己的男子气概感到怀疑的男性，经常会怀疑自己被女性所接纳仅仅是因为女性的性需求，即使有明显且充分的证据表明对方是真的喜欢他也是枉然，因此，由于这种被虐待感他会产生一种恨意。或者一位男性将女性的毫无反应看作一种难以忍受的侮辱，因此急切希望她获得满足。在他看来，自己的这种过度关心是体贴的表现。但是，在其他方面，他可能非常粗鲁和粗心，因此揭露了这样一个事实：他对异性满足感的关注仅仅是使自己免于感到羞辱的一种保护方式。

掩盖这种侮辱或挫败他人的冲动的两种主要方式是：一种是用敬仰的态度来掩盖，另一种是通过怀疑的方式来使其理智化。当然，怀疑也可能是真正有不同的思考意见需要表达，只有明确地排除了真正的怀疑，我们才能够正当地寻找一个人背后隐藏的动机。这些动机也许离表面现象非常近，以至于只要对这些怀疑的合理性进行简单的质疑就能引发焦虑。我的一个病人，每次会面都会将我侮辱一番，尽管他本人完全意识不到这一点。随后，我只是简单地问他，他是否真的确信，自己对我在处理这些事情上的能力有所怀疑，他的反应就是陷入了严重的焦虑之中。

当这种侮辱或是挫败他人的动机被一种仰慕的态度所掩盖的时候，这个过程就更为复杂了。那些内心深处暗暗希望伤害或是侮辱女性的男性，在他们的意识层面，很可能将女性置于一个很高的地位之上。那些没有意识到自己试图击败或是羞辱男性的女性，可能会沉溺于英雄崇拜之中。在神经症患者的英雄崇拜中，跟普通人一样，很可能存在一种真正的价值和伟大感。但是神经症患者态度的特殊性在于，这是两种倾向的妥协：一种倾向是，对成功盲目崇拜，不管这种成功是否重要，因为他渴望成功；另一种倾向是，掩饰自己怀有毁灭成功人士的愿望。

一些典型的婚姻冲突，就可以在这些基础上进行理解。在我们的文化中，这种冲突更多涉及女性，但是，男性更多地受到获得成功的外部刺激并有更多的获得成功的可能性。假设属于英雄崇拜类型的女性嫁给一名男性，是因为他现有的或是潜在的成功吸引着她。既然在我们的文化中，妻子会在某种程度上分享丈夫的成功，那么丈夫的成功就会为她带来一些满足感，只要丈夫的成功能够持续。但是她却陷入了一种冲突情景：她因为丈夫的成功而爱他，与此同时，又因为他的成功而憎恨他。她想要毁掉他的成功，但又不能这样做，因为在另一方面，她想要通过参与其中而象征性地享受这种成功。这样的一位妻子，通过铺张浪费来威胁他的财产安全，通过烦人的争吵来破坏丈夫的平和，通过一种阴险的贬低态度来毁坏丈夫的自尊心，从而泄露出希望破坏丈夫成功的隐秘愿望。或者，这种破坏性心理，还会表现为她在对方不情愿的情况下，无情地驱使他不断获得更多的成功，而丝毫不考虑丈夫本人的幸福。尽管在丈夫成功的时候，她会在各个方面都表现得像一个深爱他的妻子，但是一旦预示丈夫失败的信号出现，她的怨恨心理就会变得越来越明显。现在，她不但不会帮助和鼓励他，反而会打击他。因为，只要她还能享受对方带来的成功，就会掩盖这种报复心。一旦他表现出失败的迹象，这种报复心就会立即表现出来，所有这些破坏性活动都是在爱和敬佩的伪装下进行的。

这里有另一个常见的例子也可以用来说明，爱怎样用来补偿由野心产生的破坏性冲动。一个自力更生、有能力并且成功的女性，在结婚后，她不仅放弃了自己的工作还养成了依赖的心理，并且似乎要完全抛弃她过去的野心——所有这些都被描述为"成为真正的女性"。她的丈夫通常会感到非常失望，因为他希望找的是一个出色的伴侣。而现实是，他发现妻子并不跟他合作，只是将自己置于他的保护之下。经历了这种改变的女性对于自己的潜能有一种神经症性的担忧，她隐约感到，通过嫁给一个成功的或至少让她感到有成功潜力的男性，对于达成她的野心或仅仅是获得安全感，要比靠个人奋斗更为可靠。迄今为止，这种方式还不足以产生困扰，甚至能得到令人满意的结果。但是，患有神经症的女性在内心深处往往拒绝放弃自己的野心并对丈夫充满敌意，而且根据神经症性"全有或全无"的原则，落入了一种无用感之中，最终变成了一个无足轻重的人。

　　正如我之前所说的，这种反应在女性身上比男性身上更常见的原因，可以在我们的文化背景中找到，文化将成功标记为男性的领域。这种反应类型并不是一种固有的女性特质，这点可以通过以下事实得以说明，如果情况反过来，也就是女性碰巧比自己的丈夫更强壮、更聪明、更成功，那么男性也会有相同的反应。由于我们的文化坚信男性在除了爱情之外的所有领域都比女性优越，这种态度在男性身上很少用钦佩的方式进行伪装；它通常以一种公开的方式表现出来，并对女性的兴趣和工作造成直接的破坏。

　　这种竞争精神不仅会对现存的男女两性关系产生影响，还会对伴侣的选择产生影响。在这方面，我们在神经症患者身上看到的只是一幅放大了的画面，而在一种崇尚竞争精神的文化中这通常被认为是正常的。通常来说，对伴侣的选择都是由对声望或财富的追求所决定的，也就是说，这是由性欲以外的动机所激发的。在神经症患者身上，这种决定可能更强大，更能压倒一切。一方面这是因为他们对统治、声望以及财富的追求与普通人相比更具有强迫性并且更坚定，另一方面是由于他与其他人的关系，包括与异性的关系，过于恶劣从而无法进行充分的选择。

　　破坏性的竞争会通过以下两种方式来加剧同性恋倾向：一是，它可以满足男性或女性远离所有异性的冲动，这样便可避免与对手进行性竞争；二是，焦虑需要得到释放，正如我们之前所指出的，对安全感的需要，通常是抓住同性伴侣不放的原因。如果患者和精神分析医生是同一性别，那么破坏性竞争、焦虑以及同性恋倾向之间的关系在分析过程中很容易被发现。这种类型的患者会在一个阶段内，自吹自擂自己所获得的成就，同时对医生表现出蔑视。起初，他会用一种他完全没有意识到的伪装的方式来行动。随后，他意识到了自己的态度，但仍然跟他的情感相分离，同时，他无法意识到是一种多么强大的情感在背后推动它。然后，他逐渐开始意识到自己对医生敌意的作用，与此同时他开始感到不自在，并伴随着焦虑的梦境、心悸、坐立不安；他突然梦到医生拥抱了自己，开始意识到自己希望与医生建立某种亲密接触的幻想和渴望，从而揭示出他缓解自身焦虑的需要。在患者最终感到能够正视自己的竞争性反应之前，这种行为反应可能会多次反复出现。

因此，简而言之，敬仰或爱可以通过以下方式来补偿挫败动机：将破坏性冲动排除在意识之外，通过在自己和竞争者之间形成无法超越的距离来消除竞争，分享成功或参与其中，通过劝慰竞争者以此来避免其报复。

虽然，这些关于神经症性竞争对两性关系方面影响的论述还不够全面、彻底，但也足以说明，它如何使两性关系受到损伤。在我们的文化中，这些竞争已经削弱了我们获得和谐两性关系的可能性，同时也引发了焦虑，并使人们因此更为渴望和谐的关系，所以，这个问题也就显得更为重要。

第十二章　逃避竞争

　　由于神经症患者身上的竞争具有破坏性特征，就会产生大量的焦虑，从而导致逃避竞争。现在的问题是，焦虑是从何而来的？

　　不难理解的是，焦虑的一个来源就是害怕对残酷实现自己野心行为的报复。一个人如果在其他人已经或是想要获得成功的时候，就将其踩在脚下，对他们进行侮辱和打击，那么他就会害怕其他人也有击败他自己的强烈愿望。尽管这种被报复的恐惧在每个以牺牲他人为代价换取成功的人身上都会出现，但这不是神经症患者焦虑情绪日益增重，从而使其产生对竞争的抑制的全部原因。

　　经验表明，仅仅害怕遭到报复，并不一定会导致压抑的出现。相反，它可能仅仅使人产生想象的或真实的嫉妒、敌意和竞争心理，对他人施以冷酷的算计；或是试图扩张自己的权力，以此来确保不会受到任何攻击。一定类型的成功人士只有一个目标，就是获得权力和财富。但是，如果这一人格结构与被确诊的神经症患者的人格相比较，就会发现两者存在一个显著的区别。这些冷酷追求成功的人，并不在乎其他人的爱，也不希望或是想要从他人身上获得任何东西，不论是帮助还是慷慨。他清楚地知道，自己可以通过自己的力量获得想要的东西。当然，他会利用人，他之所以需要他人的忠告，也仅仅是因为这些忠告会对他自己获得成功有所帮助，为爱而爱对他来说没有任何意义。他的欲望和防卫都沿着一条直线进行：权力、声望、财富。如果他内心没有什么东西能妨碍他的追求，那么被内部困扰所驱使而采取这样行为的个体也不会发展出神经症性的人格特征。恐惧只会促使他更加努力地去取得更多的成功，并变得更加难以战胜。

但是，神经症患者会追求两条互不相容的路径：极具攻击性地追求"唯我独尊"；与此同时，还强烈地渴望获得每个人的爱。被困在爱和野心之间的情景，是神经症患者的核心冲突之一。神经症患者为何害怕自己爱和野心的需要，为何不愿承认它们，又为何会阻止或逃避它们，主要原因在于他害怕失去爱。换言之，神经症患者会制止自己竞争心的主要原因并不是其严格的"超我"要求，其超我不允许其攻击倾向过于强大，而是他发现自己在两种同样不可抗拒的需求中陷入了一种两难境地：他的野心和他对爱的需求。

实际上，这种困境是无法解决的，一个人不可能在将其他人踩在脚下的同时，又获得他们的爱。在神经症患者身上，这种压力如此之大，以至于他必须要试图去解决这一困境。总体上来看，他试图通过两种方式来解决这一困境：通过合理化的方式解释自己的支配动机，以及因支配动机无法满足而产生的不满感，或是限制自己的野心。我们可以简单地谈一下，他如何使自己的攻击需要得以合理化，因为这与我们已经讨论过的获得爱的方法及其合理化过程具有相同的特征。在这里，合理化是一个重要的策略：它试图使得这种需要变成不可争辩的，从而使它不会阻碍他被人所爱。如果在一场竞争中，他为了侮辱或击败他人，而贬低他们，他就会对自己完全是客观的这种观点深信不疑。如果他想要剥削其他人，他就会相信并且试图使其他人也相信，此刻非常需要得到他们的帮助。

这种对合理化需求比其他行为都更能将一种隐藏的不诚实因素渗透到人格之中，即使这个人基本上来说是诚实的，它还解释了那种顽固的一贯正确的心理。这在神经症患者身上是一个普遍的人格倾向，有时这种倾向还非常明显，有时会隐藏在顺从或是自责的态度之后，这种一贯正确的态度经常会与自恋态度相混淆。事实上，它与任何形式的自恋都没有关系；它甚至不包含自满或是自负的任何因素，因为，与表面现象相反，不存在任何真正对自己绝对正确的确信，只有不断地想要使其看起来合理的强烈需求。换言之，这是一种迫切需要解决某种特殊问题的防御态度，这归根结底是由焦虑造成的。

对合理化需求的观察，很可能是弗洛伊德创立特别严格的"超我"要求概念的因素之一，神经症患者在其反应中，常常会屈服于这种严厉的"超我"需求，从而放弃破坏性的驱力。合理化需求的另一个方面是，其对这样一种解释具有启发性。除了是处理人际关系的一种必不可少的策略之外，在许多神经症患者身上，这种合理化需要还是一种满足自己需要，使自己在内心显得无可指责的手段。当我讨论罪恶感在神经症中的作用时，还会再来讨论这个问题。

神经症性竞争中，焦虑的直接结果就是对失败和成功的恐惧。对失败的恐惧，部分是出于对被侮辱的恐惧，任何失败都会变成灾难。一个女孩如果没学会自己在学校中希望了解的知识，那么她不仅感到非常羞愧，而且感到班里的其他女孩也会鄙视自己，并且会联合起来反对她。这种反应会带来很大的压力，因为她经常将一些偶然发生的事情当作失败，事实上这些事并不意味着失败，或是仅仅只能看作是非常无关紧要的失败，例如，没有在学校得高分，或是一次考试的某一部分失利了，举办的聚会并不成功，或是在谈话中没有表现得谈吐惊人，简而言之，任何不符合其过高期望值的事情都被看作是失败。正如我们所看到的，任何形式的拒绝或冷落，都会引起神经症患者的敌意反应，神经症患者会将其视为一种失败，并因此认为是一种侮辱。

神经症患者的这种恐惧，会因担心其他人发现了其残酷的野心后对他的失败幸灾乐祸而得到增强。与失败本身相比，更令他感到害怕的是，已经用某种方式表明自己正与他人竞争，且他确实非常想要获得成功，还因此付出了各种努力，最后却仍然失败了。他认为一次失败可以被原谅，甚至还会引发其他人的同情而不是敌意，但是，一旦他对成功表现出兴趣，就会被一群想要迫害他的敌人所包围，他只要表现出任何软弱或是失败的迹象，他们就会扑上来撕碎他。

由此产生的态度会随着恐惧内容的不同而不同。如果恐惧的重点在于害怕失败本身，那么他就会加倍努力，甚至是不顾一切地去避免失败。在对他的力量或能力进行决定性考验的时候，例如：考试或是公开亮相前，他就会产生严重的焦虑。但是，如果重点在于害怕其他人发现自己的野心，

其结果则会完全相反。他感受到的焦虑会让他看起来对所有
事情都毫无兴趣，甚至不会为此付出任何努力。这两幅景象
的对比是非常值得注意的，因为，它表现出了两种不同的恐
惧，归根结底仍是同出一辙，何以产生出两组完全不同的特
征。对第一种类型的个体，会拼命苦读以迎接各种测试，但
是第二种类型的个体，就会无所事事，而很可能会故意引人
注目地热衷于社会活动或其他嗜好，以此向世界证明他对功
课没有任何兴趣。

　　通常而言，神经症患者无法意识到自身的焦虑，仅能意
识到由此产生的结果。例如，他可能无法专心工作；或是他
可能会产生疑病症患者的恐惧，好比担心体力劳累会产生心
脏问题，脑力劳动会造成神经系统损伤；又或者，他会在任
何形式的工作之后都感到筋疲力尽，当某种活动中存在焦虑
的情绪，就会令人非常疲惫，他就会用这种疲惫来证明，这
种努力损害了他的健康，因此必须加以避免。

　　不做出任何努力的过程中，神经症患者就可能让自己迷
失在许多消遣活动中，从打单人纸牌到举办聚会，或者他可
能会表现出一种懒散或好逸恶劳的姿态。一个神经症女性，
可能会穿着非常邋遢，宁愿给人留下穿着不讲究的印象，也
不愿尝试去打扮自己，因为她感到这种努力只为让她遭到嘲
笑。一个非常漂亮的姑娘，坚信自己不好看，不敢在公众场
合化妆，因为她认为其他人会想："这个丑小鸭试图让自己
变得更吸引人，这是多么可笑呀！"

　　因此，总体来说，神经症患者认为不做自己想要做的事
情会更安全。他们的箴言是：待在角落里，谦虚谨慎，最重
要的是不要引人注目。正如维布伦曾经强调的那样，引人注

目的消费，在竞争中都起着重要的作用。因此，回避竞争突出其反面——避免引人注目。这就意味着坚持约定俗成的标准，远离众人瞩目的中心，不要显得与众不同。

如果这种回避倾向是一种主要人格特征，那么就会使人不敢采取任何冒险行动，更不用说，这种态度，会造成生活上的贫困和潜能的扭曲。因此，除非环境异乎寻常的有利，否则，获得幸福或是任何形式的成就都是以冒险和付出努力为前提条件的。

目前为止，我们已经讨论了对可能失败的恐惧，但是，这只是神经症性竞争中所伴随的焦虑的一种体现。焦虑还可能以害怕成功这种方式表现出来，在许多神经症患者身上，焦虑在很大程度上涉及对他人的敌意，以至于他们害怕成功，即使他们确定能够获得成功。

对成功的恐惧来自于害怕遭到他人的嫉妒并因此失去他人的爱。有时，这是一种有意识的恐惧。我病人中一个极具天赋的作家，宣布放弃写作，是因为她的母亲开始写作并且取得了成功。在很长一段时间之后，她又犹犹豫豫、忧心忡忡地重新开始写作，她并不是担心写不好而是害怕写得太好。这位女性在很长一段时间内无法做任何事情，主要原因就是极度恐惧别人嫉妒她的一切；因此，她将自己所有的努力都用在让别人喜欢自己这件事情上。这种恐惧可能仅仅以一种模糊的忧虑表现出来，即担心自己一旦获得成功就会失去朋友。

但是，在这种恐惧中，就像许多其他恐惧一样，神经症患者无法意识到自己的恐惧，但却能意识到压抑的结果。例如，这种人在打网球时，每当快要接近胜利时，就会感觉有什么东西阻止他，使他无法取得胜利。或者，他会忘记去参加一个对自己未来有重要决定性作用的约会。如果他对于讨论或是会议，有十分中肯的意见，他会用很低的声音表达，或是以一种非常简略的方式进行表达，这样他的建议就不会给人留下任何印象。又或者，他会让他人代替自己去获得称赞，而事实上这些工作都是他自己完成的。他可能会注意到，跟一些人谈话时，他可以非常富有智慧，而与另一些人交谈时，他会显得非常愚蠢；跟一些人在一起时，他可以像一个乐器大师一样演奏某种乐器，而与另一些人在一起，他演奏乐器就像一个初学者一样。虽然，他对这样一种不稳定的状态感到非常困惑，但他无力改变这种状况，只有当他获得了对自己回避倾向的洞见时，他才能发现：当他与一个没有自己聪慧的人交谈时，他会强迫自己表现得比对方更愚笨；或是当与一个水平不高的乐师一起演奏时，他就会被迫演奏得更差。这是由于害怕自己一旦比其他人优秀，就会使对方受到伤害或是羞辱。

最后，如果他确实获得了成功，他不仅无法享受成功，还会感到这似乎并不是自己的经历。又或者，他会通过将成功归功于一些偶然发生的环境因素，或是一些无关紧要的外部刺激或帮助，以此来减小成功的意义。但是，成功之后，他很可能感到抑郁，部分是由于这种恐惧，部分是由一种无法意识到的失望造成的，这种失望就是，实际取得的成功还远远没有达到隐藏在他心中的那种过度期望。

因此，神经症患者的这种冲突情景，来自于一种在比赛中想要勇拔头筹的狂热，而又具有强迫性质的愿望。与此同时，一旦他有了一个很好的开始或是取得了进步就会有一种同样强烈的力量被迫阻止他。如果，他成功地完成某些事情，那么下一次做同样的事情时，就必定会非常糟糕。一次课上好了，紧接着下一次课就会学得非常糟糕；在治疗中取得了进步，紧接着就会故态萌发；给人留下好印象之后，下一次必然就会留下不好的印象。这样一连串行为反复发生，让他感到自己在跟强大的怪癖进行一场毫无希望的斗争。他就像珀涅罗珀一样，每天夜晚会将白天织的锦缎在夜里拆掉。

因此，抑制会嵌入在这一条路的每一个阶段：神经症患者可能会完全压抑自己野心勃勃的愿望，以至于他不想尝试任何工作；他可能会试图去做一些事情，但又无法专心将这件事情做完；他可能能够出色地完成工作，但却出现回避成功的迹象；最终，他可能会取得杰出的成绩却不能享受它，甚至感受不到这种成功。

在逃避竞争的很多方式中，最重要的一种可能就是，神经症患者在自己的想象中创造了一种同真实的或所谓的竞争者之间不可逾越的距离，任何形式的竞争看起来都那么的荒谬，因此，他将竞争排除在自己的意识之外。可以通过将其他人置于无法企及的高度，或是将自己置于其他所有人之下，使得所有关于竞争的想法和企图看起来都是不可能且可笑的，后一种方式就是我将讨论的"贬低"。

贬低自己可以是一种有意识的策略，被当作一种权宜之计加以使用。如果一位伟大画家的门徒创作出了一幅非常棒的作品，但又有理由害怕老师会嫉妒自己，他就会贬低自己的作品以此来缓和老师的嫉妒。但是，神经症患者对自己贬低自己这一倾向只有模糊的意识。如果他出色地完成了一项工作，那么，他就会坚信其他人会完成得更出色，或认为他的成功只是一种偶然，并且自己不会再完成得这么好了。又或者已经做得非常好了，他还是可能会从中挑出缺点，比如：认为自己工作太慢，并以此来降低他整体工作的成就。一位科学家可能会对自己研究领域中的问题感到一无所知，以致他的朋友们就不得不提醒他，他曾写过相关问题的专著。当有人问了他一个愚蠢的或是没有答案的问题，他倾向于产生自己非常愚蠢的感受。当读到一本书，该书的观点他隐约觉得不赞同，但他不会带着批判性的思考去想这个问题，而是认为自己太愚蠢了根本无法读懂这本书。他可能怀有这样的信念，即自己对自身保留了一种批判性的、客观的态度。

　　但是，这类人不仅会接受这种自卑感的表面价值，并且还会坚信其正确性。尽管他会抱怨这些自卑感，这些感受也会令他感到痛苦，但他不能接受任何证明这些感受不正确的证据。如果有人认为他是一个完全能够胜任工作的人，他仍然坚信自己是被高估了，或者认为自己成功地欺骗了其他人。我之前提到过的那个女孩，在感受到被自己哥哥侮辱之后，在学校形成了过度的野心，她经常在班级中名列前茅，每个人都认为她是一个出类拔萃的学生，但在她内心深处，她仍然坚信自己非常愚蠢。尽管在镜中的一瞥，或是男性表现出的注意力已经足以证明她是一位有吸引力的女性了，但她仍然相信铁一般的事实——她是没有吸引力的。有些人可能直到四十岁仍然坚信，他还太年轻了，无法表达自己的观点或是成为领导，在他四十岁后他的感觉就转变为自己年纪太大了，不能提出新的见解或成为领导。一位知名学者仍会对其他人对自己表现出的敬意感到吃惊，在他自己的感受中，他总是认为自己是一个无关紧要的平庸之人。别人的赞美或恭维，在他看来是一种空洞的奉承，或是出于隐秘的动机，甚至会引起他的愤怒。

这类现象，几乎随处可见。它表明自卑感——这种或许是我们这个时代最常见的邪恶，有十分重要的功能作用，并因此而被神经症患者顽固地坚持和保护。自卑感的价值在于，通过在内心中贬低自己并将自己置于其他人之下，来阻止自己的野心，那么与竞争相关的焦虑感就会得到缓解。[1]

顺便一提，自卑感可能会实际降低一个人的地位，正是基于此，自我贬低会造成自信心的损伤，这一事实不容忽视。一定程度的自信心是取得成就的前提条件，不论这种成就是按照不同标准的食谱调拌沙拉，贩卖商品，维护观点或是在重要亲戚心中留下好印象。

有强烈自我贬低倾向的个体，可能会在梦中梦到自己的竞争对手胜过自己，或是自己处于劣势地位。因此，毋庸置疑的是，他下意识地希望自己能够胜过对方，这些梦看起来与弗洛伊德认为梦是愿望的满足这一观点相矛盾。但是，弗洛伊德的观点不能被理解得过于狭隘，如果直接的愿望满足包含过多的焦虑情绪，缓解焦虑就变得比满足愿望更为重要。因此，当一个害怕自己野心的人，做了一个自己被打败

---

[1] D. H. 劳伦斯在他的小说《虹》中，对这个反应有过动人的描述："这种奇怪的残酷感和丑陋感总是尽在眼前，随时准备跳出来抓住她。一些乌合之众怀着强烈的嫉妒心守在一旁，因为她与众不同的这种感觉对他的生活造成了深刻影响。无论她在哪儿，在学校、朋友中、大街上还是火车上，她都本能地贬低自己，使自己变得渺小，假装比实际情况更糟，因为害怕自己未被发现的小我被人发现，从而遭到平凡、普通大我的残酷仇恨和猛烈攻击。"

了的梦，这个梦并不是他希望被打败这一愿望的表达，而是他宁可失败，因为这样给他带来的伤害更少。我的一个病人计划在治疗期间进行了一次演讲，那时她正不顾一切想要击败我。她却做了一个梦，梦到我正在做一次非常成功的演讲，她坐在听众席上，非常崇拜我。同样地，一位野心勃勃的教师梦见他的学生成了老师，而他自己却无法完成他布置的任务。

　　自我贬低被用来控制野心的程度，在被贬低的能力通常都是个体最希望能够超越其他人的能力，这一事实中得到了解答。如果他的野心具有一种智慧的特征，那么智慧就是他的工具并因此被贬低。如果他的野心带有一种爱欲的色彩，外貌和魅力就是其工具也会因此而遭到贬低。这种联系非常常见，我们从自我贬低的焦点就可以猜到一个人最大的野心是什么。

　　迄今为止，自卑感同实际的缺陷没有任何关系，但可以作为逃避竞争倾向的一种结果来进行讨论。他们真的与实际存在的缺点以及能够意识到的真实缺陷毫无关系吗？事实上，它们都是现实的和想象的缺点共同的产物：自卑感是焦虑驱动的贬低倾向与意识到的现存缺点的结合。正如我数次强调的那样，我们始终无法愚弄我们自己，尽管我们能够成功地将这些冲动排除在意识之外。因此，具有我们之前所讨论的那些特征的神经症患者，实际上，能够明白他必须隐藏自己的那些反社会倾向，他的态度非常不真诚，他的伪装与隐藏在表面下的暗流完全不同。他对于这些差异的认识是其产生自卑感的重要原因，即使他从未清楚地意识到这些差异来源于何处，因为它们都产生于压抑的驱动。由于无法意识到其来源，他们对自己自卑感的解释就不会是真实的，只是一种合理化的解释。

他能够感到自己的自卑感是现存缺陷的一种直接表达，还有另外有一个原因。在其野心的基础上，他对自身价值和重要性建立起了幻想。他情不自禁地将自己的实际成就与自己想象的成为天才或是完美的人这一理想进行比较，在这种比较中，他的实际表现和能力就显现出了劣势。

这些逃避倾向的总体结果就是，神经症患者会遭受实际的失败，或者至少是无法像他们实际的机遇和天赋那样表现得那么好。那些跟他们同时起步的人已经超越了他，拥有更好的职业，取得了更大的成功。这种落后不仅仅是外部成功的落后，随着年龄的增长，他越来越能感受到自己潜能与实际成就之间的巨大差距。他强烈地感到自己的天赋，不论这种天赋是什么被浪费了，并感到自己人格的发展受到了阻碍，自己并没有随着时间的增长而变得成熟起来。[1]他对这种差异的存在会产生一种模糊不清的不满感，这种不满意并不具有受虐的性质，而是一种真实的与事实相符的不满。

正如我指出的，潜能和现实成就之间的差异，可能是由外部环境造成的。但是神经症患者身上所出现的这种差异，是神经症的一种永久性特征，由其内部冲突所导致。他在现实生活中遭到的失败，以及由此扩大了的潜能和实际成就之间的差距，不可避免地会进一步强化其自卑感。因此，他不仅相信不会实现自己的潜能，而且事实证明他确实比他本来

---

[1] 荣格曾明确地指出，人在四十岁左右会遇到阻碍其人格发展因素的问题，但他并没有意识到导致这种情形的种种条件，并因此未能找到任何令人满意的解决方法。

能达到的程度要差。由于这为自卑感提供了现实基础，成长所受到的影响就更大了。

与此同时，我提到的另一个差距，高涨的野心与现实的贫乏之间的差距，变得让人如此难以忍受，以至于需要进行补救。幻想本作为一种补救措施，就应运而生了。神经症患者频繁地用浮夸的想法来取代可获得的目标，这些浮夸的想法对他们来说价值是显而易见的：它们掩盖了他那种难以忍受的虚无感；它们让他不用进行任何竞争就能感受到自己的重要性，也就不会遭受失败或是成功带来的危险；它们使他远离所有可以实现的目标，从而建立起宏大的想象。正是这种毫无出路的浮夸想象的价值，使它们陷入了危险，因为对神经症患者而言，同笔直的大道相比，这种死胡同更具明显的好处。

神经症患者这些夸张的想法要与正常人那些夸张的想法，以及精神分裂症人的想法区分开。普通人有时也会认为自己很了不起，并赋予自己的所有行为以不恰当的重要性，或是沉浸在将来自己如何干一番大事业的幻想中。但是，这些幻想和观点也仅仅只是些许点缀，他不会太当真。具有浮夸想法的精神病患者却走向了一个极端，他坚信自己是一个天才，是日本天皇、拿破仑、耶稣，并且本能地拒绝一切对这种错误想法的现实证据；他完全不能接受任何人的提醒，拒不承认他实际上只是一个可怜的看门人，是收容所里的病人，或者是不受尊重或被嘲笑的对象。如果他意识到了这种脱节，那么他也依然会做出支持自己这些夸张想法的决定，并认为其他人并不会比自己更聪明，或者是他们故意不尊敬他，以此来伤害他。

　　神经症患者介于两个极端之间。如果他意识到了自己这种夸张的自我评价，那么他就会做出与正常人更接近的意识反应。如果在梦中，他以皇室的身份出现，他会发现这些梦非常有趣。但是，他那些夸张的幻想，尽管在意识层面已经将它们视为不真实的观念加以摒弃了，但对他而言，这些幻想，在情绪层面却有与精神病患者类似的现实价值。在这两种情况下，原因是相同的：它们具有重要的功能。尽管非常薄弱且不可靠，它们仍是神经症患者自尊心所依赖的支柱，因此，他紧紧抓着这些幻想不放手。

　　这种功能潜在的危险，在自尊受到打击的情况下会显现出来。一旦这个支柱倒塌了，他也会摔倒，并且再也无法站起来了。例如，一个女孩有充分的理由相信自己是被爱的，却发现自己的爱人在犹豫要不要跟自己结婚。在一次谈话中，他告诉她，他觉得自己还太年轻，在结婚这件事情上还没有充足的准备和经验。因此，最明智的做法就是在把自己明确的约束起来前，可以去接触一些别的女孩。她无法从这个打击中恢复，变得非常抑郁，开始感到自己的工作也不安全，对失败感到非常的恐惧，并且回避随之而来的一切，不愿见人也不愿工作。这种恐惧异常强大，以至于一些令人振奋的事件，例如：最终男方决定跟她结婚，以及由于对她能力的赞赏而为她提供更好的工作，都不足以使她感到安全。

　　神经症患者，与精神病患者不同，会情不自禁地记录现实生活中与其意识到的错觉不相符的琐事，尽管这种敏感性会给他带来痛苦。最终的结果是，他的自我评价总是摇摆在感到自己很伟大和感到自己一文不值之间，他随时都会从一个极端转向另一个极端。他在确信自己具有不同寻常的价值的同时，又会因为其他人对他的敬重而感到吃惊。他在感到自己非常悲惨和遭受了践踏的同时，又会因为其他人认为他需要帮助而感到非常愤怒。他的敏感度可以与一个浑身疼痛的人相比，即使是异常轻微的碰触都会引起他身体的退缩。他非常容易感到受到伤害、被轻视、受到忽视、被怠慢，并以与之相符的具有恶意的怨恨来进行反应。

在这里我们看到"恶性循环"是如何再一次发挥作用的。尽管浮夸的观点具有明确的安慰价值，并以想象的方式提供了一些支持，它们不仅强化了退缩的倾向，还通过敏感性这一媒介产生了更强的愤怒和更强的焦虑。诚然，这是重症神经症患者的状况，但是，在较小的程度上，较轻的神经症患者身上也可看到相同的情况。在这些病例中，他们本身也许并没有意识到这种情形，但从另一方面来看，一旦神经症患者能够从事一些具有建设性的工作，一个良性循环就开始了。通过这种方式，他的自信心增强了，因此那些浮夸的想法也没有存在的必要了。

神经症患者缺乏成功（在任何方面都落后他人，不论是事业还是婚姻，安全感还是幸福感）使得他对其他人充满嫉妒，并强化了由其他途径形成的对他人的嫉妒倾向。许多因素会导致他压抑自己的嫉妒态度，例如：人格中与生俱来的高贵感，一种无权为自己争取任何事物的固有信念，或是仅仅对自己现有不幸的无知。但是，嫉妒倾向越是被压抑，就越可能会投射到他人身上，结果是有时他们对其他人会嫉妒自己的一切有着近乎偏执的恐惧。这种焦虑异常强大，以至于即使有一些好事发生在自己身上，他也会感到心神不宁，例如：获得新的工作，获得他人的恭维，幸运地获得了一些东西，在恋爱关系中获得好运等。因此，这种焦虑进一步强化了他的逃避倾向，使他不打算从任何地方获得任何事物，也不打算获得任何成功。

撇开一切细节，由对权力、声望以及财富的神经症性追求所导致的"恶性循环"的主要轮廓，可以粗略地描述为：焦虑、敌意、自尊心受损，追求权力之类的事物，增强敌意和焦虑，逃避竞争的倾向（伴随着自我贬低的倾向），失败以及潜能和成就之间的差距，增强的优越感（伴随着嫉妒），强化了的浮夸观念（伴随着对嫉妒的恐惧），敏感性增强（伴随着新的逃避倾向的产生），增强的敌意和焦虑，由此开始新一轮循环。

但是，为了更全面地了解嫉妒在神经症中所起的作用，我们要从一个更综合的视角来探讨它。神经症患者，不论他是否意识到，事实上不仅是一个非常不幸的人，还找不到任何逃离这种不幸的机会。外部观察者，将神经症患者做出的尝试看成是一种恶性循环，神经症患者本人无望地感到自己被困在一张网中。我的一个患者曾经做出过这样的描述，他感到自己被困在一个有很多门的地下室，无论他打开哪扇门，都只会进入新的黑暗之中，而自始至终，他都明白其他人此刻正在外面的阳光下行走。我认为，一个人不能认识到神经症患者身上这种让人无力的绝望感，他就不能理解任何严重的神经症。一些神经症患者以毫不含糊的言辞表达自己的愤怒，而另一些人会用顺从或是一种乐观主义的表现来深深地掩盖自己的愤怒。因此，我们就难以发现在所有古怪的虚荣、要求、敌意背后，存在着一个正在受苦的人，他感到自己永远被排除在了获得合乎心意的生活之外，他知道即使获得了自己想要的东西，也无法享受它。一旦我们意识到这种绝望感的存在，就不难理解那些表面上显得如此具有攻击性、如此卑鄙无耻、如此难以由某种特定环境所解释的行为。一个被所有幸福可能性排除在外的人，如果他对那不属于他的世界没有感到憎恨，那他真成了一个名副其实的天使了。

现在回到嫉妒的问题上来，这种逐渐形成的绝望感是嫉妒不断产生的基础。它并不是对某一具体事物的嫉妒，而是尼采所说的生存嫉妒，是对每个感到更可靠、更沉稳、更幸福、更直接、更自信的人都会有的一种普遍性嫉妒。

如果一个人内心形成了这种绝望感，无论这种绝望感接近他的意识还是远离意识，他都会试图对其进行解释。他不会像精神分析医生那样，将它看成是不可阻挡的过程的结果，相反，他认为这种绝望感是由他人或是由自己造成的。通常而言，尽管这两种来源中的一种会处于较突出的位置，但他会同时责备自己与他人。当他责备他人时，一种控诉的态度就会出现，这种态度可能会指向命运、环境，或是特殊个体：父母、老师、丈夫、医生。正如我反复指出的，对他人的神经症性要求，在很大程度上是从这个观点加以理解的。神经症患者的思想就好像遵循这样的路线："因为你们对我遭受的痛苦负有责任，你们有义务帮助我，我有权期待从你们那里得到帮助。"一旦他开始寻找自身邪恶的根源，就会感到自己的痛苦是罪有应得的。

说起神经症患者责备他人的倾向，可能会产生一种误解。听起来似乎是，他的这种指责是毫无根据的。事实上，他有足够的理由进行控诉，因为，他确实遭受过不公正的待遇，特别是在儿童期。但是，在他的控诉中，也存在神经症性的因素：它们往往取代了朝着积极目标进行富有建设性的努力；通常而言，它们是盲目、不加区分的。例如，它们可能指向那些想要帮助他们的人，与此同时，对于那些真正伤害他们的人，却完全不能感知或正确地表达控诉。

第十三章　病态的罪恶感

　　在神经症的外在表现中，罪恶感扮演着重要的角色。在一些神经症患者身上，这些感受可以得以公开、丰富地表达；在另一些患者身上，这些感受被掩饰了，但他们会通过行为、态度、思考和反应的方式表现出来。我首先要以一种概括的方式来描述能标志着罪恶感存在的各种外在表现。

　　正如我在前一章所提到的，神经症患者通常会将自己的遭遇解释为他不值得拥有更好的东西。这种感觉可能是非常模糊且不确定的，或者它可能依附于某些被社会禁忌的想法和行为，例如：手淫、乱伦的愿望、希望亲人死去的愿望等。稍有风吹草动，这类人就会产生罪恶感。如果有人提出要见他，他的第一反应就是对方是因自己所做的事情来跟自己吵架的。如果朋友们有一段时间没有写信或是看望自己，他就会反思是不是自己得罪了他们。如果有些事情出现了失误，他就会认为是自己的错。即使其他人犯了很明显的错误，并虐待了他，他仍会想方设法地为此而责备自己。如果发生了任何利益或是观点的冲突，他会盲目地认定其他人是对的。

　　这种潜在的、随时准备出现的罪恶感与那些无意识的、明显被压抑的罪恶感之间存在着差异，但这种差异是动态变化的。后者往往以一种自我谴责的方式出现，而这种自我谴责通常是幻想性的，或至少是过分夸张的。神经症患者为了使自己在自己和他人眼中，看起来是正当合理的而进行着不懈的努力，特别是当这些努力的巨大战略性价值没有被清楚认识到时，也同样表明了这些应该被搁置起来、自由游离的犯罪感的存在。

　　神经症患者萦绕于心头的被发现或是被否定的恐惧，进一步证明了这种弥漫性罪恶感的存在。在他同精神分析医生讨论的过程中，会表现得好像他们之间是罪犯和法官之间的关系一样。因此，在分析中，他很难与医生合作。医生为他提供的每一个解释，他都当作是一种责备。例如，如果分析师指出，在某种防御性态度背后隐藏着焦虑，他就会这样回应："我知道我是个懦夫。"如果分析师指出，他不敢与人接触是因为害怕遭到拒绝，他就会接受这一解释，并且说他只是想让生活变得简单一些。对完美的强迫性追求，在很大程度上源于避免任何形式的被人反感的需求。

　　最后，如果发生了不利的事情，例如：失去了一次机遇或是发生了事故，神经症患者可能会明显感到更轻松自在了，甚至某某些神经症症状也消失了。对这种行为反应的表面观察，以及他有时候似乎会安排一些不利的事情发生的事实，会导致我们形成这样一种假设：即神经症患者的罪恶感异常严重，以至于他形成了一种接受惩罚的需要，以此来摆脱这种罪恶感。

因此，似乎有大量的证据表明，神经症患者身上不仅存在着强烈的罪恶感，且这些罪恶感还对其人格产生了重要的影响。但是，尽管这些证据显而易见，我们仍必须追问，神经症患者这些意识到的罪恶感是否确实是真的，那些表明无意识罪恶感存在的症状和态度是不是可以另作解释，有许多原因促使我们产生了这些疑问。

罪恶感，与自卑感一样是不受欢迎的，神经症患者并不急于摆脱它们，事实上，他坚持自己有罪过，并且阻止任何将他从这种感觉中拯救出来的尝试。这种态度本身就足以说明在其坚持自己罪恶感的背后，如同自卑感一样，一定隐藏着某种具有重要功能的倾向。

另一个原因也应该引起注意。对一些事情真正感到后悔或惭愧是非常痛苦的，向其他人表达这种感受更加令人感到痛苦；事实上，神经症患者与其他人相比，更不会这样做，因此他害怕遭到反对。但是，对我们所说的罪恶感，他却很乐意表达。

进一步来说，在神经症患者身上，被经常解读为标志着潜在罪恶感的自责，具有明显的非理性因素。不仅是在其具体的自责中，而且在他认为自己不值得获得友善、赞扬以及成功的那种弥散性的感受中，他都可能走向非理性的极端，从显而易见的夸张到完全的幻想。

用来对那些不是真正表达罪恶感的自责进行说明的另一个事实，就是神经症患者本人在无意识中，根本不相信自己是毫无价值的。即使，在他似乎被这种罪恶感淹没之时，如果其他人对他的这种自责信以为真，他就会变得非常愤怒。

后一种观察导致了最后一个原因。在讨论抑郁症患者的自责时，弗洛伊德曾指出，这种表现出来的罪恶感，同应当与之相伴随的谦卑感的缺乏之间是相互冲突的。神经症患者在宣告自己毫无价值的同时，又会强烈地要求其他人关心体谅并崇拜自己，并且还明显地表现出不愿意接受一点点批评。这种矛盾表现得异常明显。有这样一个案例，一位女性对报纸上所报道的每一次犯罪都能感到模糊的罪恶感，并且为每一个家庭中发生的死亡而责备自己。但当她的姐妹只是温和地责备她不应该要求那么多的关心时，她就会突然大发雷霆以至于晕倒在地。但是，这种矛盾有时并不是这么明显，更多的时候都隐藏于表面现象之下。神经症患者可能会将自己的这种自责态度错误地理解为一种对自己合理的自我批评态度，他对批评的敏感性可能会被一种信念所掩盖，即如果批评是以一种友好的、有建设性的方式提出的，他就能很好地接受；但是这种信念，仅仅是一种掩护，并且同事实相矛盾。即使是很明显的友好建议，他也可能会以极为生气的方式来回应，任何形式的建议都暗含着对他不够完美的批评。

因此，我们如果仔细地检验罪恶感的真实性，就能很明显地看出，很多看似罪恶感的现象，不过是焦虑的表现或是一种对抗焦虑的防御机制。某种程度而言，正常人也是如此。在我们的文化中，与害怕人相比，害怕上帝被认为更高尚，或是用非宗教的言语来说，就是因为良心而拒绝做某事，比由于担心被逮到而做某事相比更为高尚。许多丈夫宣称自己对妻子忠诚是出于良知，而事实上，仅仅是害怕自己的妻子。正是由于在神经症中存在着大量焦虑，神经症患者与正常人相比，更倾向于用罪恶感来掩盖自己的焦虑。与正常人不同，他不仅害怕那些可能发生的结果，而且害怕那些与实际情况不相符的预期结果。这些期望具有的性质取决于当下的情景，他可能对即将发生的惩罚、报复以及抛弃有一种夸张的想象，又或者他的恐惧完全是含糊的。但是，不论其本质是什么，他的恐惧都会在相同的点被点燃，我们可以粗略地描述为对反对的恐惧，又或者，如果这种对反对的恐惧已经成为一种信念，就可以称之为怕秘密被揭穿的恐惧。

　　在神经症中，这种对不赞同的恐惧非常普遍。几乎每个神经症患者，即使表面看起来非常自信，并且对他人的观点漠不关心，都对被反对、被批评、被指责和被揭穿非常恐惧和敏感。正如我所提到过的，对反对的恐惧通常都被理解为是其潜在罪恶感的标志，换言之，被认为是这种感受的一种结果。具有批评性的观察却使得这一结论变得非常可疑，在精神分析过程中，患者经常会发现谈论某种经历或是思想非常困难，例如：那些关于死亡的愿望，手淫、乱伦的愿望，因为他对这些想法感到非常罪恶，或更确切地说，因为他相信自己为此感到罪恶。当他获得了充分的信心来谈论它们时，并意识到这些想法没有遭到反对，这种"罪恶感"就消失了。他之所以感到罪恶是因为，作为其焦虑的结果，与其他人相比他更依赖于大众意见，因此他天真地将这种意见错误地理解为自己的判断。进一步来说，即使在他决心说出造成这些罪恶感的经历使得罪恶感完全消失，他对反对的总体敏感性从根本上而言并没有改变。这一现象，使我们得出这样一种结论：罪恶感本身并不是造成对反对的恐惧的原因，而是怕遭到反对的结果。

　　既然，对反对的恐惧在罪恶感的发展和对其理解中如此重要，我在这里要插入一些对其某些内涵的讨论。

对反对的恐惧可能会盲目地涉及所有人，也可能仅仅是对朋友，虽然通常来说，神经症患者无法正确地区分朋友和敌人。最初，这种恐惧仅涉及外部世界，在某种程度上，仍然仅涉及他人的不同意见，但这种恐惧也可能内化。这种情况发生得越频繁，与同自我的反对相比外界的反对就变得越不重要。

对反对的恐惧会以多种形式表现出来。有时，表现为不断地害怕惹恼他人，例如：神经症患者害怕拒绝别人的邀请，害怕提出反对意见，害怕表达任何心愿，害怕无法遵守既定标准，害怕任何形式的引人注目。它也表现为不断地担心其他人会了解他，即使当他们感到其他人喜欢自己时，他也倾向于表现出退缩，以免对方一旦了解自己便将自己抛弃。这种恐惧也可能表现为极度不愿让他人对自己的私人事物有所了解，或是对别人提出的任何无关紧要的问题表现得极为生气，因为他认为，别人提出的这些问题，是企图窥探其私事。

对反对的恐惧是一个重要的因素之一，使得分析过程对精神分析医生而言非常艰难，对患者而言非常痛苦。尽管每一次个人分析都不相同，但都具有共同的特征，即患者一方面渴望医生的帮助，渴望得到理解；与此同时，他又会将医生作为一个危险的入侵者而反对他。正是这种恐惧，使得患者表现得像是法官面前的罪犯，而且像罪犯一样，他暗暗下定决心要否认自己的所有真实想法，并设法将精神分析医生引入歧途。

这种态度也可能出现被迫忏悔的梦境中，而他对这种忏悔感到非常苦恼。我的一个患者，在我们快要揭示其所压抑的倾向时，做了一个在这方面非常有意义的白日梦。他想象自己看到了一个男孩，这个男孩有在梦境般的岛屿上不时地寻找庇护的习惯。在梦中，这个男孩成了某个团体的一员，这个团体被法律所约束，法律禁止让外人知道小岛的存在，并要处死任何可能的入侵者。有一个为这个男孩所爱的人（以某种伪装的形式代表着精神分析医生），发现了通往这座岛的道路。根据法律，他应该被处死。这个男孩却可以救他，只要发誓自己永远不再回到岛上。这是对冲突的艺术化的表达，这种冲突以这种或那种方式贯穿分析始终，反映了对医生喜爱和恨意的冲突，因为医生想要入侵其隐秘的思想和感受，这是患者一方面想要为保守自己的秘密而战的冲动，另一方面又不得不放弃这个秘密之间的冲突。

如果对反对的恐惧不是由罪恶感所产生的，那就会有人问，为什么神经症患者会如此担心自己被觉察和反对呢？

引起怕遭到反对的恐惧的主要原因，是神经症患者向外界和自己所展示的"面孔"（Facade）[1]，与隐藏在这面孔背后的所有被压抑的倾向之间的巨大差异。尽管神经症患者因为不能与自己成为一体，因为必须维持所有的伪装而备受痛苦——这种痛苦比他意识到的还要大，但他仍然费尽心力来保护自己的这些伪装，因为它们是能够保护其免受潜在焦虑困扰的屏障。如果我们能够认识到，正是那些他必须试图加以隐藏的事构成了其对反对的焦虑的基础，我们就能够更好地理解，为什么某种"罪恶感"消失之后，仍然不能将他从

---

[1] 相当于荣格所说的"人格面具"（Persona）。

恐惧中解脱出来。事实上，需要改变的东西很多。直截了当地说，正是其人格中的不诚实，或者说，是人格中神经症的那部分不诚实，造成了他对反对的恐惧，他害怕被发觉的正是这种不诚实。

说到其秘密的具体内容，通常来说，他首先要隐瞒的就是，用攻击这一术语来掩盖的总和。这一术语在使用中，不仅包含其反应性敌意（愤怒、报复、嫉妒、侮辱他人的愿望等），还包含他对其他人的一切秘密需求。鉴于我已经深入讨论了这些需求，在这里简单地说一下就足够了：他不想依靠他自己，他不想通过自己的努力来获得他想要的一切；相反，在内心深处，他始终坚信要依赖他人而生活，不论是通过支配、剥削或是通过感情、"爱"和顺从的方式。一旦他的敌意性反应或是需求被触及，焦虑就会产生，并不是因为他感到罪恶，而是因为在他看来，他获得满足自身需要的支持的机会受到了威胁。

其次，他想要隐瞒的是，他感到自己是多么的软弱、不安全以及无助，他完全不能维护自己的权力，他要隐瞒自己非常焦虑。出于这个原因，他需要营造一种自己强而有力的假象。但是，他对安全感的特殊追求越是集中在控制欲上，他的骄傲就越是与力量相关，就越是彻底地轻视自己。他不仅感受到软弱的危险，还将软弱感看成是可鄙的，不论在自己还是他人身上都是如此，他将任何缺点都看成是软弱，不论是无法成为一家之主，不能克服自己的内在障碍，不得不接受帮助，还是不能摆脱焦虑。因此，从本质上来说，他鄙视自己的任何"软弱"，他情不自禁地相信，如果其他人发现了他的弱点，也会像他自己一样鄙视他，他不惜一切代价要隐藏自己的软弱，与此同时，又害怕自己迟早会被人看穿，由此产生了持续不断的焦虑。

因此，罪恶感以及与之相伴的自责，并不仅仅是对反对恐惧的结果（不是原因），还是对抗恐惧的防御措施，它们是要实现获得安全感和掩盖真相的双重目标。后一个目标的实现，是通过将注意力从应该被隐瞒的事物上转移开，或是将它们进行夸大以至于看起来不那么真实这两种方式。

我将引用两个例子，这两个例子可以用作许多情境说明。一天，一个患者严厉地责备自己的忘恩负义，责备自己成了精神分析医生的负担，责备自己没有充分认识到医生只收了很少的费用就为他治疗这一事实。但是，在会谈结束的时候，他发现自己忘记带当天要付给医生的治疗费。这只是许多能够证明他不想付出任何代价，但想获得一切的证据之一，他那种言过其实的自责，在这里和其他地方一样，具有掩盖具体问题的功能。

一个成熟、睿智的女性因自己像孩子一样发脾气而感到愧疚，尽管在理智上她知道，她发脾气是由父母不近人情的行为所引起的。同时，尽管她不再相信父母不必受到责备这种信念，但在这一点上，她的愧疚感仍旧十分强烈，以至于她将自己与异性在性关系上的失败，也看作是由于她对父母怀有敌意而遭到的惩罚。通过谴责一种幼稚的冒犯，以此来解释为何她无法与异性建立关系，她掩盖了那些实际起作用的因素，例如：她自身对男性的敌意，以及她因害怕被拒绝而将自己缩在一个壳子里。

自责不仅能够保护自己免受对反对的恐惧，还可以通过说反话的方式获得正面的安全感。即使在不涉及外人的时候，自责也可以通过增强神经症患者的自尊心来提供安全感，因为这些自责说明他具有敏锐的道德判断，他因此谴责自己身上被其他人忽视的那些过错，最终让他感到自己是一个了不起的人。而且，自责为他们提供了一种安慰，因为自责很少关注他对自己的不满的实际问题，因此事实上，还为他还不算太差，为这一信念留了一道暗门。

在我们进一步对自责倾向具有的功能进行讨论之前，我们有必要对避免反对的其他方式进行思考。一种与自责相反，但仍能达到相同目的的防御措施，是通过使自己永远正确或完美无缺的方式来防止任何批评，因此他不会给其他人留下任何可供批评的理由。这种类型的防御措施一旦占据优势，任何行为，即使有明显错误的行为，也会被说成是合理的，就像聪明并富有技巧的律师所做的机智诡辩一样。这种态度可能会发展到这样一种地步，使他在最无关紧要和细枝末节的事情上也是要保持正确，例如：在天气变化的问题上也要保持正确，因为，对这类人来说，任何细节上的错误都可能会导致全面失败。通常而言，这类人无法忍受最细小的不同意见，甚至是情绪上的不同偏好，因为在他的思想中，即使是一点不同意见都等同于批评。这种倾向，在很大程度上解释了所谓的"虚假适应"（Pseudo-Adaptation）。这种现象可以在那些尽管患有很严重的神经症，仍设法在自己眼中，有时也在周围人眼中，维持看起来是正常的形象，并假装自己能很好地适应环境。在这种类型的神经症患者身上，可以几乎不出错地预言，他对于被揭露和反对有着极大的恐惧。

神经症患者用来保护自己免于遭受反对的恐惧的第三种

方式就是，采用无知、疾病或是无助的方式来寻求庇护。我遇到的一个典型例子，是我在德国治疗过的一个法国女孩。我在前面提到过这个女孩，她被送到我这里来是因为她被父母怀疑智力低下。在分析的最初几周里，我自己也对她的心理能力产生过怀疑：她似乎根本听不懂我说的一切，尽管她能很好地听懂德语。我尝试用更简单的语言来描述同样的事情，并没有取得更好的效果。最后，有两个因素使得这个情况变得豁然开朗。她做了这样的梦，在梦中，我的办公室看起来就像监狱，或是对她进行身体检查的医生的诊室。这两个梦都暴露了她害怕被看穿的焦虑，她的后一个梦是因为她对任何身体检查都非常害怕。另一个具有启发性的事情是她生活中的一个偶然事件，有一次她忘了依照法律要求出示护照。最后，当她被带去见政府官员时，她假装自己不懂德语，希望借此能逃避处罚。她大笑着向我讲述了这件事，随后，她意识到出于同样的动机，她对我采取了同样的策略。从那时起，她被证明是一个非常聪明的女孩，她采用无知和愚蠢的方式来保护自己避免受到指责和惩罚的危险。

从原则上来讲，任何感到自己是或表现为像一个不负责任的、不被重视的游手好闲的顽童的人，都会采用相同的策略。一些神经症患者会始终采用这些策略，或者是，即使他们的行为不具有孩子气，在他们自己的感受中，他们也可能拒绝严肃认真、正正经经地看待自己。在精神分析中，这种态度的功能可以被我们观察到。那些立即就必须承认自己攻击倾向的患者，可能会突然感到很无助，突然表现得像孩子一样，除了保护和爱以外什么都不想要。又或者，他们可能会做这样的梦，在梦中他们发现自己很小又很无助，蜷缩在母亲的子宫里或是躺在母亲的怀抱中。

在某一特定的情形中，如果无助感是无效且无法应用的，那么疾病也能达到相同的目的。生病被用作逃避苦难的手段是众所周知的，但是，同时，它也为神经症患者提供了一道屏障，防止他认识到这种恐惧，以使他回避他应该解决的困难。例如，一个与自己上级相处困难的神经症患者，可能会通过发生严重的消化不良来提供庇护；在这种情况下，这种无力状态的诱人之处在于，它创造了一个自己完全没有任何行动能力的可能性。换而言之，这可以使他无法认识到自己的懦弱。[1]

避免他人任何反对的最后一个且非常重要的防御措施就是受害感。通过感受到虐待这种方式，神经症患者就可以避免责备自己想要利用他人的倾向；通过感觉自己很悲惨地被人忽视，他可以免于对自己占有倾向的责备；通过认为其他人都是毫无帮助的这种感受，他能阻止其他人意识到自己想要击败他们的倾向。受害感这一策略被频繁使用，并被顽强地维持着，因为事实上，它是最有效的防御方法，它能够使神经症患者不仅免于受到责备，同时还能反过来责备其他人。

现在，再次回到自责这一态度上来，除了防止遭到反对

---

[1] 如果将这种愿望解释为像弗朗茨·亚历山大在《对整个人格的精神分析》中所做的，由于对上司产生了攻击性冲动而必须受到惩罚的需要，那么，患者很乐意接受这样一种解释：因为通过这种方式，分析师帮他有效地避免面对这样的事实，即他必须坚持自己，但他却不敢这样做，他会对自己的害怕感到非常气愤。分析师让患者在自我描绘中感到自己是一个非常高尚的人，以至于他为自己竟然产生了反对上司的邪恶想法而感到非常困扰，因此，通过赋予自己高道德标准的要求从而强化了已经存在的受虐驱力。

的恐惧感以及获得正面的安全感的功能以外，它们能提供的
另一个功能是阻止神经症患者看到改变的必要性，并且实际
上成为一种改变的替代方式。对任何人来说，在已经形成的
人格方面进行任何改变都是非常困难的。但是，对神经症患
者而言，这项工作是双倍的艰难，不仅仅是因为与其他人相
比他更难意识到改变的必要性，而且在于焦虑使得这些态度
成为其人格中必要的存在。结果是，他非常害怕意识到自己
不得不改变的态度，并会退缩不前，不承认自己需要改变。
退缩的方式之一就是，暗自相信通过自责他可以"蒙混过
去"。这一过程在生活中非常常见，如果有人后悔做了某件
事，或后悔在某件事上没有取得成功，并因而想要补偿或是
改变造成这一结果的人格态度，他就不会让自己沉浸在罪恶
感中。如果他这么做了——沉浸在罪恶感中，那么说明他逃
避了改变自己人格态度的困难任务，不过确实懊悔要比改变
容易得多。

　　顺便提一句，神经症患者用来蒙蔽自己，不让自己意
识到改变必要性的另一种方式就是使得其现存问题理智化。
倾向于采用这种方式的患者在获得心理学知识，包括关于其
自身的知识方面得到了极大的理智上的满足感，但却停留于
此，止步不前。这种理智化的态度，随后就被当作用来保护
自己免于体验到任何情绪化东西的手段，以此避免让自己真
正认识到自己不得不改变。就好像他们一边注视着自己，一
边说：瞧这多么有趣！

　　自责也可用来防止指责其他人，因为看起来自己承担
罪恶感是一种更安全的方式。压抑对他人的批评和指责，以
此来增强指责自己的倾向，在神经症中扮演了一个重要的角

色，我们应该对此进行更深入的讨论。

通常，这些抑制都拥有一段形成和发展的历史。在充满恐惧和害怕以及抑制其自尊心自然形成的环境中成长起来的孩子，会对他周围的环境有着很深的谴责感。但是，他不仅无法表达这些感受，而且如果受到了足够的威胁的话，他甚至不敢在意识层面意识到那些指责。部分是由于单纯地对惩罚的恐惧，部分是由于他害怕失去自己需要的爱。在实际生活中，这些幼稚的反应拥有坚实的基础，因为制造出这种氛围的父母由于其自身神经症性的敏感性几乎不能受到批评。但是，父母不会犯错误这种态度普遍存在，是由于一种文化因素的影响。在我们的文化中，父母地位建立在一种权威力量基础之上，为了强迫子女服从，父母要始终依靠这种权威性力量。在许多情况下，仁慈控制着家庭关系，父母也不需要强调其权威力量。尽管如此，只要这种文化态度存在，就会以某种方式为家庭关系蒙上阴影，即使它藏在幕后也仍是如此。

当一种关系建立在权威的基础上时，批评就会被禁止，因为批评会削弱权力。这种禁止可能是公开的，同时会通过惩罚的方式来强化禁令，或者，更有效一些，采用更隐晦的方式来禁止，并在道德的基础上来强化这些禁令。这样，子女对父母的批评，不仅受到父母个体敏感性的检验，还要受到那种认为批评父母是一种罪恶的普遍文化态度的检验；或明或暗地对子女施加影响，让他们也产生相同的感受。在这种情况下，不那么胆小的孩子可能会表达一些反抗，但这种反抗反过来会让他感到罪恶。更胆小一些的孩子不敢表达任何的指责，渐渐地甚至不敢想父母可能是错的。但是，他感觉到一定有人是错的，并形成了这样一种结论，既然父母永远是正确的，那错的一定是他自己。不用说，通常而言，这并不是一个理智的过程，而是一个情感过程，它不是由思维而是由恐惧所决定。

在这种方式下，孩子们开始产生了犯罪感，或者更准确地说，形成了一种寻找并发现自己身上错误的倾向，而不是冷静地权衡双方，并客观考虑整个情况。他的责备可能会导致他感到自卑而不是罪恶，这两者的区别并不那么确定，完全取决于其周围环境中对道德或明或暗的强调。一个经常屈居于姐妹之下的女孩，不敢表达这种不公平的待遇，压抑自己真正感受到的不满，她可能会对自己说，这种不公平的待遇是正当的，因为她比不上她的姐妹（没她们漂亮，没她们聪明）；又或者她相信这种待遇是合理的，因为她是一个坏女孩。但是，在这两种情况中，她都在责备自己而没有意识到她被虐待了。

这种反应类型并不一定会持续，如果它并不是深深地铭刻在头脑中，如果孩子周边的环境发生了改变，再如果一个欣赏他并在情感上支持他的人进入了他的生活，那么这种反应就会发生改变。如果这种改变没有发生，这种将责备转变为自责的倾向就会变得更强而不是减弱。与此同时，对外界的不满就会逐渐从各种来源中积聚起来，表达责备的恐惧感也日益增强，因为他越来越怕被揭露，并假定其他人也跟自己一样敏感。

但是，识别出这种态度的历史渊源仍不足以对它进行解释。无论从实践角度还是动力学角度考虑，更重要的问题是：当下是什么因素导致了这种态度。神经症患者之所以难以批评和指责他人，是因为在其成年人格中，存在着许多决定性因素。

　　首先，无能是他缺乏自觉地坚持自我肯定的表现之一。为了理解这一缺陷，就需要将他的这种态度同我们文化中健康人的感受和健康人表达对他人的指责的方式进行比较。说得更具普遍性一些，就是同健康人的攻击和防御方式进行比较。正常人能够在争论中维护自己的观点，能够对没有根据的指责、曲意逢迎或是被迫接受的事物进行辩驳，能够内在地或外在地抗议他人的忽视或欺骗，能够拒绝某种请求，如果他不喜欢或是在环境允许他表达拒绝的时候拒绝接受他人的给予。如果有必要，他能够感受和表达批评，可以感受并表达指责；如果他想，他可以故意疏远或是让某人离开。进一步来讲，他能够进行防御和攻击，而不会产生与之不相适应的情绪紧张，在夸大的自我谴责和攻击性之间（这些攻击性会使他对外部世界产生毫无根据的粗暴指责）找到平衡点。因此，只有在这样一些或多或少为神经症患者所缺乏的某种条件基础上，才能达到幸福的中庸之道，这种缺乏的条件就是：在弥漫的无意识敌意中获得相对的解脱，以及一种相对安全的自尊心。

　　当个体缺乏这种无意识的自我确定时，必然产生的结果就是感到软弱和毫无防卫能力。一个人要是知道（也许从来没有思考过），如果形势需要，他就能够进行攻击和防御，那么他就是坚强的，同时也能感到自己的坚强；而一个在心里知道自己事实上无法这样做的人，则是软弱的且能感到自己的软弱。我们每个人就像电子钟一样能够准确地记录，我们是否出于恐惧或是智慧而压抑了争执，我们是出于软弱或是由于感到公正而接受了指责，即使我们成功地瞒过了自己的意识，也无法欺骗内心的自我。对神经症患者而言，对软弱的记录是产生愤怒的持续而隐秘的来源，许多抑郁都发生在个体无法为自己辩护或是无法表达批判性观点之后。

批评和指责他人的更重要的障碍直接与基本焦虑相联系。如果一个人感知到了外部世界的敌意，且他对这个世界完全无能为力，那么，任何惹恼别人的冒险行为，都似乎完全是鲁莽的。对神经症患者而言，这些危险看起来更为巨大，他的安全感越是以得到他人的爱为基础，他就越怕失去这种爱。惹恼另一个人的含义对他而言，与正常人相比是完全不同的。由于他与其他人的关系是如此的单薄脆弱，他自然坚信自己与他人的关系也不会好到哪儿去。因此，他觉得惹恼他人意味着最终的决裂，他预感到自己会被彻底抛弃，并一定会遭到唾弃或是憎恨。除此之外，他有意或无意地假设，其他人也与他一样害怕被揭露和被批评。因此，他倾向于小心谨慎地对待他们，就像他希望他们也这样对他一样。他极其害怕指责他人，甚至是想象一下也感到非常恐惧。这种恐惧将他推向了一个特别的困境之中，因为就像我们知道的那样，他本人充满了被压抑的愤怒。事实上，了解神经症患者行为的人都知道，神经症患者对他人的大量指责会以隐蔽或公开甚至是侵略性的形式表达出来。由于我仍然坚信，对于批评和指责他人，神经症患者具有本质上的懦弱，因此，我们有必要简单地讨论一下，这些指责会在什么样的条件下表现出来。

指责可能会在绝望的压力下得以表达，更确切地说，是当神经症患者感到他没有什么可失去的时候，当他感到无论自己的行为举止如何都会遭到拒绝的时候。例如，如果他表达善意和关心的这种具体努力没有得到正确的回应或是遭到了拒绝，那么这种情况就会出现。他的指责是在一个时刻倾泻而出，还是会持续一段时间，取决于他的绝望持续时间的长短。他可能在一次危机中，就将他对其他人所拥有的全部指责全部爆发出来，或是他的指责可能会延续很长一段时间。他所说的就是他想要表达的，并且希望其他人能够认真考虑他的话。但是，在内心深处，他仍隐秘地希望，其他人能意识到他绝望的程度并因此而宽恕他。如果指责涉及神经症患者在意识层面憎恨的人，或是不指望从他们身上获得好处的人，即使没有绝望，同样的情况也会存在。在另一种我们即刻就会进行讨论的情形中，真诚的元素已经消失了。

如果神经症患者感到他已经或者处于被揭露和指责的危险中，那么，他也会或多或少地以猛烈的方式指责他人。与被反对的危险相比，惹恼他人的危险看起来显得不那么严重了。他感到自己处于一种紧急情况之中，并进行反击，就如同本性胆小的动物在面对危险时，会拼死杀出重围一样。神经症患者在极度害怕某些事情被揭露，或是做了一些自己预感到会被反对的事情时，他们就会将激烈的指责发泄到精神分析医生身上。

与在绝望情境下进行的指责不同，这类的攻击通常是盲目的。在进行这些攻击的时候，神经症患者并不认为自己是正确的，因为，这些攻击单纯地源于一种需要避开当下危险的感觉。这些攻击中，也会偶尔包含某些自认为真实的谴责，但主要还是夸张和古怪的。神经症患者内心深处并不相信这些攻击，并不希望别人将它当真，如果其他人信以为真，例如：他人因此与他陷入了严重的争论，或是表现出受到了伤害，他会感到非常吃惊。

　　一旦我们认识到对指责的恐惧是神经症结构中固有的成分，并进一步认识到应对这种恐惧的处理方式时，就可以理解为什么从表面上看，这方面的许多表现是相互矛盾的。神经症患者通常无法表达合理的批评，即使他内心充满了对他人的强烈指责。只要丢失了东西，他就确信是被女仆偷走了；但是，他却无法因她没有按时准备晚餐而对她进行指责，甚至提出意见。他实际表达出的那些指责都具有没有说到点上、不现实的特点，具有一种不真实的色彩，是毫无根据或完全想象出来的。作为一名患者，他可能会对精神分析医生进行野蛮的指责，说医生毁了他，但却无法对分析师吸烟的嗜好提出真诚的抗议。

　　这些公开表达的指责还不足以释放所有被压抑的愤怒，而要使这些愤怒全部被释放，就必须采用间接的方式——既让神经症患者表达出自己的愤怒，又不必意识到这点的方式。一些愤怒是不经意间表现出来的，另一些是从他真正想指责的人身上转移到无关的人身上，例如，一个女性当她对自己的丈夫不满时，她就会责备女仆，或是转移到环境，或一般的命运上。这些方式作为安全阀门，本身并不是神经症患者专门享有的方式。神经症患者间接无意识地表达指责的特殊方式，是以遭受苦难为媒介的。通过遭受苦难，神经症患者将自己作为一个活生生的指责对象。因丈夫回家晚而生病的妻子，比因此而吵闹更有效地表达了自己的不满，并且收获了在自己心目中是一个无辜受害者的好处。

　　遭受苦难如何才能有效地表达对他人的指责，取决于对提出指责的种种抑制作用。如果恐惧并不是特别强烈，痛苦可能会以一种富有戏剧性的方式表现出来，并伴随着内容空泛的公开指责："看，你让我多么痛苦。"事实上，这是指责可以得以表达的第三个条件，因为遭受痛苦使得这些指责看起来是正当合理的。这种方式同用来获得爱的方法有着密切的联系，获得爱的方法之前我们已经讨论过了。谴责性的苦难会被当作是获得怜悯的借口，为了弥补受到的伤害而获得某些恩惠的敲诈。越是压抑自己指责他人的行为，这种痛苦就越难得到表达。这种情景可能发展到神经症患者甚至不会让其他人注意到他正在受苦这样的事实。总体来说，在神经症患者展现其正在受苦的方式中，我们发现了很多不同的变化形式。

正是由于向神经症患者全方位袭来的那些恐惧，他不断地在指责别人和自我谴责之间摇摆，由此造成的结果之一，就是神经症患者长久处于绝望的不确定性中，总是搞不清是不是应该批评他人或应不应该认为自己受到了虐待。他根据经验隐约知道，在现实中，他对他人的指责都是没有根据的，仅仅是由他自己的非理性反应所引发的。这种经验使得他在辨认自己是否真的受到了虐待上产生了困难，因此，在需要的时候，他也无法坚定自己的立场。

观察者倾向将所有这些表现形式，都相信或解释为尖锐的愧疚感的表现。这并不意味着，观察者本人是神经症患者，但这确实意味着，他同神经症患者的思考和感受一样，都受到文化的影响。为了理解那些决定我们对罪恶感态度的文化影响，我们不得不考虑历史、文化以及哲学角度的问题，这些问题已经超出了本书的范围。但是，即使将这些问题完全忽略，至少仍必须要提到基督教思想对道德问题的影响。

对罪恶感的讨论可以简单地做如下总结：当一个神经症患者指责自己，或是表现出某种罪恶感时，首要的问题并不是"真正让他感到愧疚的是什么"而是"这种自责态度的功能是什么"。我们发现的主要功能是：表达他对反对的恐惧、防御这种恐惧、避免对他人进行指责。

当弗洛伊德和大多数追随他的精神分析医生倾向于将罪恶感看作是一种终极动力的时候，他们的确反映出他们所处时代的思想。弗洛伊德承认，罪恶感源于恐惧。因为，他假设恐惧促成了"超我"的产生，而超我又导致了罪恶感；但是他倾向于认为：良心的要求和罪恶感一旦形成，就会作为最终的代理人而发挥作用。进一步的分析表明：即使我们学会了用罪恶感对良心带来的压力进行反应，也接受了外在的道德标准，隐藏在这些罪恶感背后的动机（即使它仅仅以微妙和间接的方式表现）却仍然是对结果的直接恐惧。如果承认罪恶感本身并不是最终的动力，就必须要对特定的分析理论进行修改。这些理论建立在这种假设的基础上：罪恶感，特别是这种具有弥散性特征，被弗洛伊德称为无意识的罪恶感，在神经症的产生中具有最大的重要性。我将仅提及这些理论中三种最重要的说法："消极治疗反应"，这一理论主张，患者由于其无意识的罪恶感，而宁愿继续病着；超我作为一种内部结构，将惩罚强加到自我身上；以及关于道德受虐倾向，即将自我施加的痛苦解释为一种出于自我惩罚的需要。

第十四章　神经症性受苦的意义
（受虐狂的问题）

我们已经看到，神经症患者在同自己内在冲突斗争的过程中遭受了大量的痛苦，而且，他经常将遭受痛苦作为一种手段，来达到由于实际存在的困境，而难以使用其他方式达到的目的。虽然，在每一个个体情境中，我们都能够发现受苦被作为一种手段方式的原因，以及它想要达到的目的，但还是对为什么个体会愿意付出如此大的代价而感到困惑。就好像是滥用苦难，并随时准备撤回对人生的有效掌控，系来源于一种潜在的动机。这种动机可以被大致描述为，使自己更软弱而不是更坚强，更痛苦而不是更快乐的倾向。

由于这种倾向与人们关于人性的一般看法相矛盾，因此它成了一个巨大的谜团，在事实上成为心理学和精神分析学的障碍，这确实是受虐倾向的一个基本问题。受虐这一术语，产生于性变态和性幻想。在这种性变态或性幻想中，通过受苦、挨打、受折磨、被强奸、被奴役、受凌辱等方式来获得性满足。弗洛伊德认识到，这些性变态和性幻想同一般的受苦倾向非常类似，也就是类似那些没有表现出明显性基础的受苦倾向，他将后面的这种倾向归结为"道德性受虐倾向"范畴。由于在性变态和性幻想中，受苦的目的在于获得一种积极的满足，自然就能得出这样的结论：所有的神经症性受苦都是由获得满足感的愿望所决定，或者说得更简单一些：神经症患者想要遭受苦难。性变态与所谓的道德性受虐之间的差别在于，意识程度的不同。在前者中，对满足的需求和满足本身都是能意识得到；而对后者而言，这两者都是意识不到的。

通过受苦获得满足，即使在性变态行为中都是一个大问题；但是在遭受苦难的总体倾向中，它变得更令人感到困惑。

为解释受虐现象很多人都曾做了许多尝试，其中最引人瞩目的就是弗洛伊德关于死亡本能的假设。简单地说，就是假设在人内心中，有两种主要的生物性力量在操纵着人的行为：生本能和死本能。后一种本能的目的在于自我毁灭，当它与力比多相结合的时候，就会导致受虐现象。

在这里，我要提出一个很有趣的问题：受苦倾向是否能够从心理学角度来理解，而不必借助于生物学假说。

一开始，我就要澄清一种误解，即将真实苦难和受苦倾向相混淆。在没有根据的情况下，我们得出这样一个结论：既然苦难存在，就会存在招致苦难或是享受苦难的倾向。我们不能像H. 多伊奇那样，将我们文化中，女性有痛苦分娩的过程，解释为女性有暗中享受这些痛苦的受虐倾向的证据，即使在特殊情况下，这种情形确有发生。神经症患者所遭受的大部分痛苦，与遭受苦难的愿望没有任何关系，仅仅是现存冲突不可避免的结果。它的发生就好像一个人摔断了腿后，会感到痛苦一样。在这两种情况下，无论个体是否愿意，痛苦都会出现，并且他从遭受的痛苦中无法获得任何好处。实际存在的冲突导致显性焦虑的产生，是神经症患者遭受这种痛苦的一个明显却并不唯一的例子。其他类型的神经症性痛苦也可以以这种方式来理解，如：由于认识到潜在能力和现实成就之间逐步增大的差距而产生的痛苦，由于身处某种困境中而产生的绝望感，由于对轻微冒犯的高度敏感而产生的痛苦，以及由于患有神经症而轻贱自己所产生的痛苦。这些神经症性痛苦，由于极不显眼，当用神经症患者希望受苦这一假设来处理问题的时候，它们往往就会被忽略。这种现象一旦发生，人们就不禁想知道，外行人甚至一些精神分析医生，究竟在多大程度上，也无意识地持有这样一种类似神经症患者对自己疾病所抱有的轻蔑态度。

　　排除那些并不是由受苦倾向导致的神经症性苦难，我们现在来看看那些确实由这一倾向所导致并且可以归类为受虐驱力倾向的神经症性痛苦。在这些痛苦中，表面现象是神经症患者遭受的痛苦比有现实依据的痛苦更多，更详细地说，他给人的印象是，似乎他内在的某些东西贪婪地想要抓住每一个可以受苦的机会；仿佛他可以将每一个偶然情景，哪怕是幸运的情景都转变为一种痛苦环境，他非常不愿意放弃痛苦。然而，神经症性痛苦对神经症患者的功能，在很大程度上可以解释导致产生这种印象的行为。

　　说到神经症性苦难的这些功能，我要对前面章节所发现的内容再次进行总结。受苦可能对神经症而言，具有一种直接的防御价值；且事实上，受苦经常是他可以保护自己免受即将到来的危险的唯一方式。通过自责，他可以免于受到指责和指责他人；通过表现为生病或是无知，他可以免受责备；通过贬低自己，他可以避免参与竞争的危险——不仅如此，他加诸自己身上的苦难，同时也是一种防御手段。

受苦也是他获得他想要的东西，有效满足自身需求以及将自身的需求建立在合理基础上的一种方式。在关于自己的人生愿望方面，神经症患者实际上陷入了两难的境地。他的愿望是（或者已经变成了）：强迫性的和无条件的愿望。部分原因在于它们是由焦虑产生，部分原因在于它们不受任何对他人实际考虑的限制。但另一方面，他肯定和实现自身需求的能力却极度受损，由于他缺乏自发的自我肯定，用更通俗的话说，由于他有一种无助的基本感觉。这种困境的结果就是，他希望其他人能够照顾到他的这种愿望。他给人留下的印象是：他行为的背后隐藏着这样一种信念，即其他人要为他的生活负责，如果事情向着错误的方向发展，那就应该谴责他人。这种信念与他深信的其他人不能为他提供任何帮助的信念相抵触，抵触的结果就是，他感到自己不得不强迫其他人来实现他的愿望。在这里，受苦跑出来成了他的助手，受苦和无助成为他获得爱、帮助，以及控制他人的重要方式。与此同时，还能让他回避其他人对他提出要求的可能。

最后，受苦还具有一种作用，以一种经过伪装却又行之有效的方式来表达对他人的指责。这正是我们已经在前面的章节详细讨论过的内容。

一旦神经症性痛苦的功能被识别出来，我们就在一定程度上褪去了这一问题所具有的某些神秘特性，但问题还没有得到完全解决。尽管受苦具有一定的策略价值，但仍存在一种可以支持神经症患者想要受苦这一观点的因素；通常，神经症患者遭受的痛苦比其策略目的所应承受的痛苦更多。他们常常夸大自己的痛苦，沉溺于无助感、不快乐感以及无价值感之中。即使我们知道，他的情绪很可能是被夸大的，我们不能相信这些情绪的表面价值；我们仍会为这个事实感到震惊，即他的冲突倾向所造成的失望，将他带到了苦难的深渊，这种痛苦同他所处的情境对他的意义是极不相符的。一旦他取得了一点成就，他反而会非常富有戏剧性地将其失败夸大为一种无可挽回的耻辱。当他仅仅只是不能坚持自己的权利时，他却会使自尊心跌入谷底，像泄了气的皮球一样。在精神分析过程中，当他不得不去面对解决新问题这一不那么令人愉快的前景时，他就会陷入完全绝望的境地。我们仍然需要考察，为什么在超越了策略价值范畴之外，他仍旧心甘情愿地增加自己的痛苦。

在这些苦难中，表面上看起来并没有可以获得的好处，没有观众可以被感动，没有任何同情能被赢得，也不能通过将自己的意愿加诸其他人身上而获得一种隐秘的精神胜利。尽管如此，神经症患者还是有所收获，只不过是种类不同。在爱情中遭遇失败，在竞争中遇到挫折，不得不承认自身的弱点或缺点，这些对一个拥有唯我独尊自我意识的人来说，乃是不可忍受的。当他在自我评价中，将自己逐渐变小直至为零时，成功与失败、优势与劣势的区别就不存在了；通过夸大痛苦，使自己迷失在一种痛苦或是无价值的普遍感受中，这种令人恼怒的体验，在某种程度上也就失去了它的现实性，这种特定的痛苦所带来的刺激也就被麻木了。在这一过程中，发挥作用的原理是一种辩证性的原理，包含了在某一节点上，量变可以引发质变的哲理。具体地说，这意味着，虽然受苦是痛苦的，但将个体置于极度的苦难中，苦难就会对痛苦起到麻醉剂的作用。

一部丹麦小说对这一过程进行了精彩描述。故事讲的是，一位作家心爱的妻子在两年前被奸杀了，他通过模糊体验实际发生的事情这一方式，来逃避这个无法忍受的痛苦。为了逃避自己的痛苦，他全身心投入工作中，夜以继日，并完成了一部作品。故事开始于这本书完成的那天，也就是说，开始于他不得不正视自己痛苦的那一心理瞬间。我们在墓地第一次见到他，他的脚步不知不觉地将他引到那里。我们看到他沉浸在最可怕的幻觉性思绪中，想象着蠕虫在咬噬死去的人，人们被活埋于地下。他筋疲力尽地回到家中，然而，即使在家里，痛苦也还在继续折磨着他。他被迫详细地回忆所发生的一切，如果在他妻子去见朋友的那个傍晚，他能陪她一起去，如果她打电话让他去接她，如果他在朋友家留宿，如果他出去散步正好在车站遇见她，谋杀可能就不会发生。由于被迫性地对谋杀是怎样发生的进行细致的想象，他以一种忘乎所以的状态完全陷入痛苦之中，直至失去意识。到此为止，这个故事在我们的讨论中显得特别有趣。接下来发生的就是，他从巨大的痛苦中恢复过来后，仍不得不解决报复的问题。最后，他终于能够真实地面对自己的痛苦。这个故事所展示的过程同某些丧葬风俗一样，通过剧烈增强痛苦并使人完全沉浸于其中的方式，来减轻失去亲人的痛苦。

一旦我们识破被夸大痛苦的麻醉效应，就会进一步有助于我们揭示受虐倾向中可以为人们所理解的动机。但仍然存在这样的问题，即为什么这种痛苦会产生满足感，这种满足感不仅明显表现在受虐性变态和幻想中，我们相信它确实也存在于神经症患者的一般性受苦倾向中。

　　为了能够回答这个问题，首先，必须要识别出所有受虐倾向所共同拥有的要素，更确切地说，发现隐藏于这种倾向下的人生的基本态度。当我们从这个观点出发，就会明确发现，其共同因素就是固有的软弱感，这种感觉在对自我、对他人、对命运的总体态度中都有所呈现。简而言之，这种感觉可以被描述为一种很深刻的无意义感，或者更确切地说是一种虚无感，就好像随风摇摆的芦苇一样；一种受制于人、不得不唯命是从的感受，表现为过度顺从的倾向，或出于防卫而过分强调控制他人、绝不让步。这是一种对他人的爱和评价的信赖感，前者表现为对爱的过度需求，后者表现为对遭人反对的过度恐惧；这是一种对自己的生活不能支配，而要让其他人承担其生活责任并做出决定的感觉；是一种善恶都源于外部，个体对掌握命运完全无能为力的感觉。这种感觉消极地表现为即将遭受劫难的预感，积极地表现为期待自己不动一根手指就会有奇迹出现。这种对生活的总体感受，就像是离开他人提供的刺激、手段和目标，就无法呼吸、无法工作和无法享受任何事物一般，是一种被控制在主人手中任人摆布的感觉。我们怎样才能理解这种内在的软弱感呢？归根结底，它是一种缺乏生命活力的表现吗？在某些情形下可能是这样，但总体而言，神经症患者生命力之间的差异并不比其他正常人之间的差异更大。它只是基本焦虑的一个简单结果吗？当然，焦虑跟它有某些联系，但如果仅是焦虑，则可能导致相反的结果，即迫使个体寻求和获得越来越多的力量，以使自己获得安全感。

答案是：这种内在的软弱感本身根本不是一个事实。软弱的感受和表现仅仅是软弱的一个倾向，这一事实可以从我们已经讨论过的特性中被清醒地认识到：在神经症患者自己的感受中，他们意识不到自己的软弱被夸大了，并且固执地坚信软弱的存在。这种软弱倾向不仅可以从逻辑推理中发现，我们在工作中也能发现。患者会想象性地抓住每一个机会，相信自己患上了一种器质性疾病。一个病人，只要一遇到任何困难，就会希望自己患有肺结核，并且能住进疗养院得到他人全面的照顾。如果别人提出任何需求，这种人的第一个冲动就是屈服；然后，他就会走向另一个极端，无论付出任何代价都拒绝屈服。在精神分析中，患者的自责通常是他将预测到的批评作为自己的观点，因此，他时刻准备屈服于任何判断。盲目接受权威的观点，依赖他人，总是抱着"我不能"的无助感来回避困难，而不是将困难作为一种挑战，这种倾向进一步证明了软弱倾向的存在。

通常而言，在软弱倾向中所必须遭受到的苦难，并没有使神经症患者产生有意识的满足感；相反，不论其目的是什么，它们都是神经症患者对痛苦总体认识的一个部分。尽管如此，这些倾向旨在获得满足，即使它们不能，或者至少看起来不能达到这种目的。偶尔，我们能够观察到这个目的，有时，可以明显地看到，获得满足的目的已经实现。一个患者去看望住在乡下的朋友，可能先是因为没有人去车站接她；然后当她到时，朋友又不在家等候，因此，她感到非常失望。她说，到此为止，这个经历让她感到非常痛苦。但是，随后她感到自己陷入了另外一种完全孤独和绝望的感受之中。她很快意识到，这种感受与诱导事件所引发的刺激完全不相称。沉溺在悲惨中的感觉不仅减轻了她的痛苦，而且还成了一种积极且令人舒适的感受。

在具有受虐性质的性幻想和性变态中，例如：在被强奸、被殴打、被侮辱、被奴役的幻想或是其实际实施的过程中，这种满足感的获得更加频繁、更加明显，事实上，它们只是这种普遍的软弱倾向的另一种表现。

通过沉浸在痛苦中而获得满足感，体现了这样一种普遍性原则，这就是通过将自己迷失在更大的痛苦中，抹灭自己的个性，放弃自我及其所拥有的一切怀疑、冲突、痛苦、局限和孤独，来获得满足。[1]这就是尼采所说的从"个体性原则"（Principium Individuations）中解放出来，这也就是他所说的"酒神"倾向的含义，他把这种倾向看成是人类的基本追求之一，与他所说的"阿波罗"（日神）倾向——致力于积极的掌握和塑造人生，恰恰相反。鲁斯·本尼迪克特在谈到为了获得狂欢体验而做出的尝试时，说起了酒神倾向，并指出在各类文化中，这种倾向都是非常普遍的，其表现形式也非常多样化。

"酒神"这个词语来源于希腊的狄俄尼索斯（酒神）祭拜仪式，同之前的色雷斯人祭拜仪式一样，两者都旨在产生强烈的情感刺激，直至产生幻觉。助力达到这种销魂状态的方式包括音乐、长笛统一的韵律和节奏、午夜疯狂的舞蹈、狂欢滥醉、性放纵，所有这些都是为了达到疯狂的兴奋和销魂的状态（"销魂"一词顾名思义，就有达到忘我或无我的

---

[1] 对于从受虐倾向中所获得的这种满足的解释，从根本上说与弗洛姆在前面提到的那本书的解释是一样的。

状态）。在世界各地，都存在遵循以下原则的风俗和祭仪：在集体中，是节日里的放纵和宗教的狂欢，于个人则是沉迷于毒品和药物狂欢之中。在引发"酒神"状态方面，痛苦也发挥着自己的作用。在一些平原印第安部落中，通过禁食、割掉身上的一块肉、以一种痛苦的姿势把人绑起来的方式来激发幻觉。在太阳舞中——平原印第安人最重要的庆祝仪式之一，肉体折磨是刺激产生这种销魂状态的普遍方式。中世纪的鞭笞教徒就使用鞭打来产生销魂的快感，新墨西哥州的赎罪教徒则使用荆刺、鞭打以及搬重物的方式激发这种状态的出现。

尽管这些文化中"酒神"倾向的表达方式并不是我们文化中已经模式化的经验，但对我们来说它们也并不完全陌生。在某种程度上，我们都体验过源自于"自我丧失"中的满足感。在经历肉体或精神上的紧张感后，进入睡眠或一种麻醉状态中，我们就能感受到这种满足感。酒精也能产生同样的效果，在使用酒精的过程中，消除压抑作用是其中一个原因，减轻悲伤和焦虑是另一个原因；但在这里，最终目的旨在获得狂欢与放纵。有些人并不了解在巨大的感觉中迷失自我——无论这种感觉是出于爱、自然、音乐、对事业的热情，还是性放纵，都能使自己获得这种满足。那么，我们怎样解释这些追求所明显具有的普遍性呢？

尽管，生活能够提供各式各样的快乐，但同时也充满着无法逃避的悲剧。即使没有特别的苦难，仍然存在着会变老、生病和死亡这些事；更通俗地说，个体是有限而孤独的，这是人的生命所固有的客观事实。人的认识、成就或快乐也是有限的，因为人是一个独一无二的实体，他脱离了其他人，脱离了周围的事物，所以他又是孤独的。事实上，这种个体的有限性和孤独性就是大部分寻欢和放纵文化倾向所要克服的。《奥义书》以及河流汇入大海而失去自己这一自然画卷，都对这种追求做出了最打动人心和美好表述。通过将自我消融在更巨大的东西中，成为更大实体的组成部分，个体也就在某种程度上克服了自身的局限性。正如《奥义书》中所描绘的："凭借消失为虚无，我们成了宇宙创造本体的一部分。"这似乎是宗教必须带给人们的最大安慰和满足；通过丧失自己，人们可以成为上帝或是自然的一部分。献身于一项伟大的事业，也能获得这种满足感；将自己交付给一项更大的事业，我们就能感到自己仿佛与一个更伟大的整体融为一体。

　　在我们的文化中，我们更熟知的是一种相反的自我态度，这种态度高度强调并评价个体的独特性价值。身处在我们文化中的人，会强烈地感受到他的自我是一个独立实体，区别于或者说对立于外部世界。他不仅坚持这种独特性，还从这种独特性中获得了大量的满足感；在形成其独特潜能的过程中，在通过积极主动地征服来主宰世界和自己的过程中，在成为建设性的人，以及从事创造性的工作中，找到了自己的快乐。对于这种个性发展的理想，歌德曾说过："人最大的幸福就在于发展个性。"

　　但是，我们之前讨论过的与之相对的倾向，突破个性的桎梏，摆脱其局限性和孤独性的倾向，同样是一种人类固有的态度，且也同样蕴含着潜在的满足。这两种倾向本身都不是病态的，保护和发展个性，还是牺牲个性，都是解决人类问题的合理目标。

在所有的神经症患者中，消除自我的倾向都是以最直接的方式表现出来。它可能会以以下方式表现出来：幻想离家出走，成为一个弃儿，或是丧失个体的身份；或是把自己想象为书中的主人公；也可能像一个患者所说的，幻想自己被遗弃在黑暗和波涛之中，并与之成为一体。这种倾向表现在被催眠的愿望中、神秘主义倾向以及非现实感中，存在于对睡眠的过度需求中，对生病、精神障碍甚至死亡的渴望中。正如我之前提到的，在各种受虐幻想中，共同的因素是一种受他人摆布，失去所有的意志、所有的力量，对他人统治的绝对服从的感觉。当然，每种不同的表现由其特殊方式所决定，并有其自身的含义。被奴役的感觉，举例来说，可能是一种普遍被害倾向的一部分，是对奴役他人冲动的一种防御手段，同时也是对他人不受自己支配的一种指责。但是，尽管它具有表达防御和敌意的价值，但同时还暗含有自我屈服的积极价值。

神经症患者不论是屈服于其他人还是命运，且不论他自愿被何种苦难所压倒，他所寻找的满足似乎都是个性的减弱或消除自我。随后，他停止了作为积极活动实施者的行为，而成为一个没有个体意志的客体。

当受虐倾向整合进一个更普遍的放弃个体自我的倾向中，其所追求或通过软弱和痛苦获得的满足感，就丧失了其奇特性，它被放进了一个熟悉的结构中。[1]那么，神经症患

---

[1] 威廉·赖希在《精神关联与植物循环》和《性格分析》两篇文章中，曾做过同样的努力，试图解决受虐问题。他也坚信，受虐倾向并不与快乐原则相悖，但是他将它们置于性的基础上。而我所说的神经症患者是追求个体边界的瓦解，在他看来是追求性高潮。

者身上顽固的受虐倾向，可以用这一事实来解释：即这些追求能够作为一种保护手段对抗焦虑，并同时提供潜在的或现实的满足感。正如我们所了解到的，这种满足感，除了在性幻想或性变态中，很少真正成为现实的满足，即使对它的这种追求在软弱和被动性倾向中是一个重要因素。因而，最后一个问题产生了，那就是：为什么神经症患者很少获得解脱和放纵，以及他所需求的满足感呢？

使神经症患者无法获得这种明确的满足感的一个重要原因，是受虐倾向会受到神经症患者过度强调自身个性的对抗。绝大部分的受虐现象同神经症症状有同样的特征，即在各种相互排斥的追求间达成一种妥协。神经症患者倾向于屈从于他人意志，但与此同时，他坚信外部环境应该来适应他。他倾向于感到被奴役，但与此同时，他也极度坚信支配他人的权利是不能被质疑的。他希望成为无助并被照顾的人，但与此同时，坚持不仅要完全的自给自足，事实上还认为自己是无所不能的。他倾向于感到自己一无是处，但当他被其他人认为不是天才的时候，就会非常愤怒。显然，绝对不存在能够调和这两种极端的令人满意的解决方案，尤其是在这两种需求都如此强烈的情况下。

神经症患者自我湮没的动机与普通人相比要更为不可抗拒，因为神经症患者不仅想要摆脱那些在人类中普遍存在的恐惧、限制以及孤独，还想要摆脱自己陷入不可调节的冲突之中的感觉，以及由此而产生的痛苦。他那种与此对立的、对追求权力和自我扩张的动机同样强烈，且超过了正常人的程度。当然，他在试图做不可能的事情，试图既无所不能，又一无是处。例如，他可能生活在一种无助的依赖之中，同时又通过这种软弱的手段来对别人专横霸道，他会把这种折中的方式错误地理解为一种放弃。事实上，有时，甚至是心理学家也会混淆两者，并认为放弃本身是一种受虐态度。实际情况却截然相反，受虐倾向的人完全不会让自己沉溺于任何事或屈服于任何人。例如，他不能将自己所有的经历都投入到一项重要工作中，或是在恋爱中，将自己全身心地交于对方。他可以放弃自己并沉浸在痛苦中，但在这种放弃中，他完全是被动的。他将那些引发他痛苦的感觉、兴趣或他人，仅仅作为自己为达到丧失自我的目的的一种手段。他与其他人之间没有积极的相互作用，而只是以自我为中心并专注于自身目的。真正将自己交给他人或一项事业，是内在力量的一种表现，而受虐者的自我放弃却完全是软弱的表现。

神经症患者很难获得这些满足感的另一个原因在于，我所提到过的，神经症结构中固有的破坏性成分，在文化的"酒神"动机中没有这些破坏性因素。在后者中，没有什么能与神经症的破坏性相比，可构成对人格特征，取得成就和获得幸福的潜能的破坏。例如，我们将希腊酒神祭拜仪式同神经症患者变成疯子的幻想进行比较。在前者中，这种动机是为了增强生命的快乐，通过追求一种短暂的出神体验；后者，对于湮没和放纵的动机，既不是为了再生而暂时性的投入，也不是为了使得生命更丰富、更完整，它的目的是完全消除痛苦的自我，而不管其价值如何。因此，人格中未受损的部分会对其做出恐惧的反应。事实上，对于可能发生的灾难的恐惧，人格中的部分结构迫使整个人格对这种恐惧做出的反应，是影响意识过程的唯一因素。神经症患者所了解的是，他们害怕变成疯子。只有当这个过程被分解为其构成部分的时候，自我放弃的动机以及反应性的恐惧，才能被理解为他在追求一种明确的满足，但却受到害怕获得它的这种恐惧的阻挠。

　　我们文化特有的一个因素能够强化与湮没动机相关的焦虑。在西方文明中（即使不考虑其神经症性特征），很少有能够在其中获得满足的文化模式，如果有也极其稀少。宗教，曾经提供过这种可能性，但对大多数人而言也丧失了其自身权利和吸引力。既没有获得这些满足的有效的文化方式，它们的发展也常常受到挫败。因为在个体主义文化中，个体被希望能够自食其力，为自己辩护，如果需要的话，就要以自己的方式闯出一条路。在我们的文化中，实际地屈服于自我放弃的倾向，还会招来被整个社会抛弃的危险。

　　注意到这些恐惧经常会阻碍神经症患者获得他所追求的特定的满足感，那我们就不难理解受虐幻想和反常对他们的价值了。如果他这种自我放弃的动机存在于幻想和性行为中，那他可能就可以逃离完全自我毁灭的危险。就像酒神祭拜仪式一样，这些受虐的行为提供了一种暂时的沉沦和放纵，相对来说自我伤害的风险更小。通常来说，这些受虐动机遍及整个人格结构：有时它们集中在性行为中，而人格的其他部分相对来说能摆脱它们。有这样一些男性，在工作中积极主动、有野心并取得了一定的成就，有时也会被迫沉迷于受虐的变态行为中，例如：像女人一样打扮或是表现得像淘气的男孩一样而被痛打。另一方面，那些阻止神经症患者寻找解决自己困境的满意方法的恐惧心理，也渗透到他的受虐倾向中。如果这些动机具有性的特性，那么，尽管具有与性相关的强烈的受虐幻想，他也会远离性行为，对异性表现出厌恶，或是至少表现出严重的压抑倾向。

弗洛伊德指出，受虐的动机在本质上是一种性现象，他提出了一系列理论来解释它们。起初，他把受虐倾向看作是由生理决定的性发展阶段的一个确定的方面，称作肛门受虐阶段。随后，他加入了这一假设：受虐的动机同女性气质有着内在的亲缘关系，暗含着某种想要成为女性的愿望。他最后的假设，之前提及过，认为受虐的动机是自我毁灭和性动机的结合，其功能在于将自我毁灭动机带给个体的伤害降到最低。

另一方面，我的观点可以做如下总结：受虐动机既不是一种性现象，也不是生物性决定过程导致的结果，而是产生于人格冲突。它的目的并不是受苦，神经症患者同其他人一样也不想遭受苦难。神经症性苦难，由于它具有某些功能，并不是个体希望的而是他必须付出的代价，他想要获得的满足并不是苦难本身，而是一种自我放弃。

第十五章　文化和神经症

　　即使对最有经验的精神分析医生来说，每次个案分析都会面临新的问题。在每一位患者身上，他都会发现自己正在面临着之前没有遇到过的困难，难以识别且难以解释的态度，以及那些无法一下子就看透的反应。回顾我们在前面章节中所描述过的神经症性结构的复杂性，以及其中涉及的复杂因素，这种多样性就不足为奇了。个体在遗传方面的差异以及在其一生中经历和体验的多样性，尤其是童年期经验的差异，致使这些因素所涉及的结构产生了无限丰富的多样性。

　　但是，正如我们最初就指出的那样，尽管存在这些个体差异，但导致神经症产生的决定性冲突却始终都是一样的。总体来说，这些冲突是我们文化中的正常人也会遭遇到的。老生常谈的是，对神经症患者和正常人进行明确的区分是不可能的，但再次重申仍是非常有用。许多读者，在其自身经历中识别出了他所遭遇到的种种冲突和态度，就可能会发出这样的疑问：我到底是不是也患有神经症？最有效的评判标准就是：个人是否将其冲突感受视作一种障碍，他是否能够正视并直接解决好这些冲突。

当认识到，我们文化中的神经症患者受到与正常人相同的潜在冲突的驱使，只不过在正常人身上这种冲突的驱动程度较小，我们就不得不需要再次面对最初提出的问题：在我们的文化中，是哪些条件导致了这一结果，即使得神经症的产生恰好是围绕着这些特定冲突，而不是其他冲突。

弗洛伊德对这一问题仅做了有限的思考，其生物导向的反面就是缺乏社会学倾向。因此，他倾向于将社会现象归结为心理因素，同时又将心理因素归结为生物性因素（力比多理论）。这一倾向使得精神分析作家相信，例如：战争是由于死亡本能的作用所致，我们现在的经济系统根植于肛欲驱力，机械时代没有在两千年前出现，其原因要从那个时期的自恋倾向中去寻找。

弗洛伊德并没有将文化看成是复杂社会过程的产物，而将其视为生物性驱力的产物，这些生物性驱力被压抑或升华，其结果就是在此基础上建立起各种行为反应。这些驱力被压抑得越彻底，文化的发展程度就越高。由于升华的能力是有限的，原始冲动被强烈地压抑而没有升华，就会导致神经症的产生。所以，文明的发展不可避免地必然意味着神经症的产生——神经症是人类为了让文化得以发展所必须付出的代价。

隐藏于这一串思维线索后面具有暗示性的假设，是相信生物性决定的人类本性，或者更准确地说，是相信口唇、肛门、生殖器以及攻击性的驱力，以大致同等程度的量存在于所有人身上。就像文化间的差异一样，不同个体之间形成的性格差异，也都是由于压抑需求的强度不同造成的，额外的限制条件是，压抑以不同的程度影响着不同种类的驱力。

历史的和人类学的发现，并不支持文化的发展高度，与性和攻击驱力的压抑程度有直接关系这种观点。这一错误主要在于，它假设的是一种量的关系而不是质的关系，这种关系并不是压抑的量和文化的量之间的关系，而是个体冲突的性质和文化困境的性质之间的关系。不能忽视量的因素，但只有在整体结构的范围内才能评估这种量化因素。

在我们的文化中，存在着某些固有的典型困境，这些困境形成内心冲突能够反映在每个人的生命中，不断积累可能会导致神经症的形成。由于我不是社会学家，我只能简略指出那些与神经症和文化问题有关的主要趋势。

从经济角度而言，现代文明是建立在个体竞争原则之上的。独立的个体不得不与同一群体中的其他个体进行斗争，不得不超越他们。通常而言，还必须将他们排挤开，一个人的利益往往是另一个人的损失。这种情境的心理后果就是在个体之间形成了一种普遍敌意的增强，每个人都是其他人真实或潜在的竞争对手。在同一个职业群体中，这种情况非常明显，不论他们多么努力地追求公平，并努力用彬彬有礼的体贴来将这一点进行掩饰。但是，这里必须要强调的是，竞争伴随着潜在的敌意，存在于所有人类关系之中。竞争是社会关系的一个主导因素，它渗透到男性与男性、女性与女性的关系中。竞争的焦点不论是风度、能力、吸引力或是其他社会价值，都会对可靠的友谊造成极大的损害。同样，就像前面已经提到的那样，它也会扰乱男女两性之间的关系，不仅表现在伴侣的选择上，还表现在与伴侣争夺优势地位的整个斗争之中。竞争在校园生活中也很普遍，而且，或许最重要的是，它渗透到了家庭之中，孩子从一开始就被注射了某种"病毒"。父子、母女、子女之间的竞争并不是普遍的人类现象，而是对受文化条件限制的刺激所做出的反应。发现家庭中的竞争作用是弗洛伊德的伟大成就之一，他用俄狄浦斯情结的概念以及其他假设对这种竞争进行了描述。但是，必须要说明的是，这种竞争本身并不是由生物性所决定的，而是特定文化条件下的产物。进一步来讲，家庭环境并不是激发竞争的唯一因素，竞争性刺激因素从个体出生到死亡、从摇篮到坟墓，都在积极活跃地发挥着作用。

个体间潜在的敌对性紧张导致了恐惧不断产生——对其他人潜在敌意的恐惧，这种恐惧会因为害怕其他人报复自己的敌意而得到增强。在正常人中，恐惧的另一个重要来源是失败的可能性。对失败的恐惧具有现实性，因为，通常而言，失败的可能性比成功的可能性要大得多，还因为在一个竞争性社会中，失败对需要的满足会产生实际的阻碍。失败不仅意味着经济方面的不安全，还意味着失去声望以及所有情绪方面都遭受挫折打击。

成功如此令人着迷的另一个原因，在于其对我们自尊心的影响。不仅他人会依据我们取得的成功程度来对我们进行评价，而且，不论是否愿意，我们都会依照同样的模式进行自我评价。根据现存的意识形态，成功源自于我们自身内在的优势，或者用宗教的术语来说，是一种可见的上帝恩赐；在现实中，成功依赖于一些不受我们控制的因素——幸运的环境、狂妄的冒险等因素。无论如何，在现有的意识形态压力下，即使是最正常的人都会被迫感到：一旦成功，他就具有一定的价值；如果失败了，他就毫无价值。不用说，这为自尊心提供了一个不可靠的基础。

所有这些因素——竞争及与同胞的敌意、恐惧、降低的自尊心，共同在心理层面上，使得个体感到孤独。即使他与其他人有许多联系，即使他婚姻美满，他在情感上还是孤独的。每个人都很难忍耐情感上的孤独，但是，如果这种孤独感与担心忧虑以及对自己的不自信相吻合，它就成一场灾难。

在我们这个时代的正常人身上，正是这种情况，激发了以爱作为补偿的强烈需要。获得爱使他感到不那么孤独，受到的敌意威胁减少，自我的不确定性也降低了。爱等同于维持生命的必需品，因此，在我们的文化中爱的价值被高估了。它成了一个幻影（像成功一样），让人产生了它可以解决所有问题的错觉。爱本身并不是一种幻象，虽然在我们的文化中，它通常是一种用来满足与爱完全无关的各种愿望的掩饰，但由于我们期望获得的爱比我们实际能够获得的要高得多得多，所以它形成了一种幻象。这种意识形态对爱的过分强调，掩盖了我们对爱产生过度需要的那些因素。因此，个体，这里所说的也包括正常人，就陷入了一种困境，即对爱的大量需求，又发现难以获得足够的爱这样一个两难境地。

迄今为止，这种情境为神经症的产生和发展提供了丰沃的土壤。影响正常人的文化因素对神经症患者也产生了较大程度的影响，只不过同样的后果在他们身上表现得更加严重。在正常人身上，这些文化因素导致他们形成不稳定的自尊心、潜在的敌意，担心恐惧、带有敌意和恐惧的竞争心、对和谐人际关系的强烈需要；而在神经症患者身上，这些后果则表现为被粉碎的自尊心、毁灭性、焦虑和破坏性冲动愈来愈强的竞争心理，以及对爱的过度需求。

如果我们还记得，每种神经症都存在着无法调和的矛盾倾向，就会提出这样的问题：在我们的文化中，难道不存在某些相同的矛盾，它们构成了典型的神经症冲突的社会文化基础？研究和描述这些文化矛盾是社会学家的工作，对我而言，只要对这些主要的矛盾倾向进行简单描述就足够了。

我们要提到的第一个矛盾，是竞争和成功，与手足之爱和谦卑两者间的矛盾。一方面，我们所做的一切都鞭策我们走向成功，这就意味着我们不仅要信心十足，还要富有攻击性，才能够将其他人从这条路上推开，不挡路。另一方面，我们被深深地灌输了基督教的观念，只考虑自己是自私的，我们要谦逊、顺从。对于这种矛盾，在常规范围内只有两种解决方式：重视其中的一种追求而抛弃另一种追求，或是两个都重视，结果就是，个体在这两个方向上都会产生强烈的压抑。

第二个矛盾，是我们各种需要所受到的刺激，与满足这些需要方面我们遭受的实际挫折之间的冲突。出于经济因素考量，在我们的文化中，我们的需要不断地受到诸如"炫耀性消费""跟他人看齐"等广告宣传的刺激。但是，对绝大多数人而言，对这些需要的实际满足是受到制约的。由此，个体所产生的心理后果，就是在他的欲望和现实之间不断拉大的差距。

另一个矛盾存在于其宣称的自由和实际限制之间。社会告诉个体他是自由的、独立的，能够按照自由意志决定自己的生活；"生活的伟大竞技"正在向他敞开，如果他有能力并精力充沛，那他就能获得想要的一切。现实是，对绝大多数人来说，所有的可能性都是有限的。人们平时开玩笑说的"无法选择自己的父母"这句话，可以很好地推广到生活中，我们无法选择职业和成功，选择娱乐方式，选择配偶。结果导致，个体在拥有决定自己命运的无限权力和无助感之间摇摆。

这些根植于我们文化中的矛盾，恰恰就是神经症患者拼命想要调和的冲突：他的攻击性和顺从倾向之间的冲突，他的过度需求与害怕一无所获的恐惧之间的冲突，他对自我扩张的追求与无助感之间的冲突。在这些冲突上，他与正常人只有量上的差异。但是，正常人能够在不损害其人格的情况下处理好这些困难；而在神经症患者身上，这些冲突异常强烈，以至于不存在任何令人满意的解决方式。

那些可能成为神经症患者的人，似乎是在以一种过于强烈的方式体验到由文化所决定的这些困境；且往往是以童年经历为媒介，所以，他们要么无法解决这些困境，要么解决困境的方式就是付出人格上的巨大代价。因此，我们不妨将神经症患者称为我们当今文化中的副产品。